本书由郑州大学文学院学术著作出版基金资助出版

先秦女性审美研究

程勇真　著

中国社会科学出版社

图书在版编目(CIP)数据

先秦女性审美研究/程勇真著.—北京:中国社会科学出版社,2013.9
ISBN 978-7-5161-3370-5

Ⅰ.①先… Ⅱ.①程… Ⅲ.①女性—美学史—研究—中国—先秦时代
Ⅳ.①B83-092

中国版本图书馆 CIP 数据核字(2013)第 235623 号

出 版 人 赵剑英
责任编辑 郭沂纹
特约编辑 丁玉灵
责任校对 林福国
责任印制 张汉林

出 版 中国社会科学出版社
社 址 北京鼓楼西大街甲 158 号(邮编 100720)
网 址 http://www.csspw.cn
中文域名:中国社科网 010-64070619
发 行 部 010-84083685
门 市 部 010-84029450
经 销 新华书店及其他书店

印 刷 北京市大兴区新魏印刷厂
装 订 廊坊市广阳区广增装订厂
版 次 2013 年 9 月第 1 版
印 次 2013 年 9 月第 1 次印刷

开 本 710×1000 1/16
印 张 13.5
插 页 2
字 数 196 千字
定 价 46.00 元

序

近年来，在学习中国美学的过程中，我得出一个最基本的认识：在新的世纪，中国美学应当进入一个自我深化的阶段。我们应当走出通史情结，以更为具体、扎实的专题研究深化中国美学既有成果；以中华审美特殊性材料研究人类审美普遍性问题，让中华传统审美智慧融入人类美学知识系统，让中国美学的成果具有更大的普遍性思想、学术价值。这几年来，我和我的学生们便一直在这一思想指导下学习和研究中国美学，博士论文选题，也基本上按这一思路展开。勇真的这篇即将付梓的博士学位论文《先秦女性审美研究》便是在这一理念指导下所取得的新成果，作为导师，我的欣喜之情，不言而喻。

长期以来，我们（包括我本人）对先秦美学史的理解，多停留于儒道两家关于审美的观念性见解，而对更为质朴的先秦中华审美活动之实际情形，则不甚了然，这便是将美学史理解为审美理论观念史的局限。当勇真提出，她想较为系统地梳理先秦中国女性审美的历史时，我立即同意了这个选题。是啊，在此之前，我们只有抽象的先秦美学，现在，自此选题提出后，情形便不同：我们需要具体研究先秦时期男性审美与女性审美的不同情形；也只有对此不同情形有了较为具体、丰富的了解后，我们对先秦美学的总体认识才会更为深入、正确。然而，这样的选题，我本人无论如何也想不出来。因为，在男性本位社会、历史传统中成长起来的我，在此问题上，与绝大部分男同胞一样，有一种天然的色盲：在学术研究层面不易自觉意识到审美中的性别差异及其意义，甚至会想当然地以为，男人的审美见解就是人类的审美见解。从这个意义上讲，勇真的这份研究成果，对我本人具有学术启示价值。

正如作者在引论中所指出，目前学术界对先秦女性审美的研究多为零星的个案研究，从美学史角度切入，对先秦中国女性审美的系统性梳理，尚未多见。勇真的这部著作，不只有意识地尝试了这方面的工作，而且为我们初步理清了先秦中国女性审美的历史演变与空间分布，是一份中国女性审美的断代史成果，为此后更为系统、深入的相关研究整理出基础性材料，提供了研究女性审美的理论阐释视角，可谓草创之功，应当对此后的相关研究有借鉴意义。

这部著作虽属草创，然在宏观的理论视野上是高度自觉的。它实际上提出了有关先秦中国女性审美的四个基本问题：其一，历时地看，先秦时代，中华女性审美到底是怎么走过来的？其二，静态地看，先秦女性审美到底在哪些具体领域展开？其三，较之于男性审美，先秦女性审美到底有哪些不同？最后，先秦女性审美的上述事实，对于此后中华古典审美活动到底有怎样的影响？对这四个问题，在相关材料支撑下，勇真都努力地给出自己明确而又独到的意见，因此，我的感受是：她确实为先秦中华女性审美整理出一个较为清晰的轮廓。更为重要的是，由这四个问题所组成的关于女性审美史的叙述、阐释框架，似乎可以为此后其他阶段中华女性审美史的研究提供参考。

女性的细腻与敏感，表现在论文对先秦女性审美材料的一系列具体叙述与阐释中。虽然其中不少材料我也熟悉，可勇真给出的解释还是每每出我意外，我不得不承认：这大概就是女性阐释的趣味与力度，大概就是女性审美研究不可替代之处，足可开人心智。

当然，既为草创，疏漏亦属自然。比如，勇真目前对“女性审美”的理论分析，尚有进一步深化的余地。若细而论之，从逻辑上说，“女性审美”当论及以下不同情形，比如，女性对自身审美价值的意识、态度与方式；女性对男性审美价值的意识、态度与方式；男性视野下女性所具有的审美价值，以及男女两性审美意识中所能共享者。目前勇真所讨论的，大概主要围绕第一种情形展开。当然，先秦女性审美研究有其特殊困难：很多情况下，研究者很难较准确地界定相关材料叙述者的性别身份。从面上看，目前作者所应用材料的范围，应当算是周延；然而，就材料应用的充分性而言，不少地方似乎尚有材料支持度不够，立论过勇之嫌。

作为本书稿的第一个读者，我谨写出这些读后感与作者交流，未知勇真以为然否？

勇真外柔而内刚，好学兼深思，正有很好的学术前景，希望她能在中国女性审美研究方面持续用力，拓展深化，真正成为这方面的专家，给我以更多的启发。

薛富兴

2012 年 5 月 15 日于爱德蒙顿

目　录

引　论

先秦（上古时期—春秋战国时期）是我国重要的历史时期，作为雅斯贝尔斯所说的轴心时代，它所奠基的美学思想对我国后世具有深远的影响。它不仅影响了中华早期审美意识的生成，而且还影响了后世中国人基本的审美理念、审美理想等。自20世纪80年代以来，先秦美学的价值已日益被人们所认知。然而，综观先秦审美研究的整体状况，我们发现，尽管先秦审美的研究已经比较深入，但以美学的眼光来审视先秦女性的著述却不多。从仅有的关于先秦女性审美的研究成果看，大多是一些个案研究，缺少对先秦女性审美做专门系统的深入研究，缺少对先秦女性做一种宏观系统把握的整体视野。这种研究视野的局限性严重制约了对先秦女性真实生存图景的观望。正是基于这一研究现状，我们决定关注先秦女性审美，着重探讨先秦女性审美的历史进程、表现形态、审美趣味、审美方式及其对中华早期审美意识、中国古典文化和艺术及民族性格、后世中国女性审美的影响。

第一节　先秦女性审美的研究价值

探讨先秦女性审美研究的价值，我们首先要弄清的一个问题是，女性审美研究与中国美学史的关系。

女性与中国美学史的关系是非常紧密的。中国很多美学范畴的生成，都直接是女性审美文化直接参与和建构的结果。如中国古代一些重要的美学范畴“虚静”、“自然”、“中和”、“玄鉴”等，都和女性文化和女性审美有着密不可分的关系，因为这些范畴的主阴特质和女性文化的内在精神相契合，并受其影响。从作为中国古代美学最高范畴的“意境”来说，就是以玄远、虚静为基质，而玄远、虚静、自然等范畴则更多的是与女性文化，而不是男性文化联系在一起。

就中华审美的整体精神看，它几乎始终崇尚一种阴柔虚静、玄远飘逸的气质，并以此作为美学上的最高追求。也可以这么说，中国美学并不是以阳刚作为最高的美学境界的，而是把阴柔作为最后的审美诉求。虽然阳刚和阴柔是中国美学史上两大并行不悖的美学风格，但就它们在审美中的实际位置而言，其实是不平等的，崇阴而抑阳。中国美学这种“崇阴”的特点与西方美学“重阳”的特质迥异。而阴柔，在很大程度上，就是女性审美精神的表征。

女性审美在中国传统审美实践中也具有强大的优势地位，中国传统美学中，人们往往把男性和善联系在一起，把女性和美联系在一起。相对于男性，在人类自身的审美活动中，女性更多地以审美对象的姿态出现，她们更多地注意自我外在的仪容美、服饰美、体态美等。女性这种具体的审美实践活动对中国古代审美思想的生成和发展产生了重要作用，对今天我们进行中国古代身体审美的研究无疑也具有深刻意义。

女性审美虽然对中国美学的发展产生了重要影响，但在中国美学史研究中，女性审美的历史性缺席现象还是非常严重的，关于其研究基本上也处于一种初期探索阶段。事实上，正像我们以上所分析的那样，中国传统美学本身就是一个个性隐喻的象征系统，在这里进行言说的，不仅有男性的声音，更有女性喑哑的话语；不仅有男性对这个社会的窥望，男性对美的事物的感触，更有女性对美的事物的精神抚摸。但在中国美学史写作和传统美学的研究中，女性审美基本上是整体性的不在场，占据美学话语中心位置的，都是男性的审美话语在那里自言自语，而女性独特的审美经验、审美理想却没有得到书写。正像福柯所说，知识中蕴藏着权力的运作。同样，在美学史写作中，也一样蕴含着性别的权力密码，这就是以男性的审美趣味、审美观念、审美理想为价值中心的审美理念。因此，说美学史是价值中立的、与性别概念无涉，完全是一种精神的幻觉想象，是不符合历史事实的。所以今天，我们必须重建一种女性特殊的视角，来重新审视中国美学史，从而改变过去研究所仅仅注重的古代与现代的区别、中国与外国美学相区别的狭隘性，而补充以女性审美的视阈。展现女性审美不同于男性审美的独特品格，挖掘女性审美对男性审美的重要意义，最终目的是改变以男性审美为历史主体的局面，重建一种新的审美平等关系。

随着后现代社会的到来，精英主义美学衰落，边缘化美学崛起，审美泛化的问题越来越严重。过去传统美学所关注的审美对象基本上已经衰落，而以前处于各种边缘境地的美学现象、美学问题却日益得到重视。在这种情形下，女性审美也理应成为中国美学史的研究对象。因此，对中国古代女性的审美活动做系统深入的研究，当是中国美学史研究的题中应有之义，是新世纪中国美学史研究以专题形式实现自我深化的一种特殊途径。具体来说，这也是从审美主体角度、女性审美研究这一特殊专题角度对中国美学史所做的深化研究。

正是在这个意义上，研究中国美学我们才必须充分考虑到女性文化、女性审美的重要意义，也许只有这样，我们才能更深刻地体味到中国美学所内蕴的基本精神，而离开这一点，对之进行的任何阐释都将是不得要领的。遗憾的是，过往的研究中我们对此都重视不够。然而在西方，女性审美问题已经日益引起女性主义者的重视，她们为此进行了不懈的探索，并建立了女性自我的美学。女性主义美学反对传统美学以优美（阴柔）和崇高（阳刚）的二元对立来界定女性美和男性美，它认为，“这种二分法将人体的自然性别特征加以凝固化、本质化，实质上是将人体的社会属性（女性的从属地位和男性的控制地位）本质化为人体的自然属性”。因此，“它站在反叛的立场，完全拒绝传统美学对于女性美与男性美的界定”[①]。另外，西方女性主

① 文洁华：《美学与性别冲突：女性主义审美革命中国境遇》，北京大学出版社 2005 年版，第 1 页。

义美学还认为，传统美学追求的完整、统一、和谐、优美、清晰等，实际上就是男性霸权在审美上的表现；因此，与此相反，女性主义美学极端张扬非理性因素，推崇断裂、零碎、矛盾、晦暗的审美价值。由此，西方女性主义美学走上了一条与传统美学完全不同的道路。女性审美问题在西方虽已得到研究，但在目前中国，还没有作为一种学术问题真正得到重视，特别是中国传统美学中女性审美的研究更是较为阙如。就目前来讲，虽然也有一些有关女性审美的散篇文章，但大都缺乏系统的整体研究，缺乏一种自觉的理论建构。

所以今天，为了纠偏补弊，让传统美学中女性独特的审美经验、审美理想得到正确的书写，我们必须重建一种女性特殊的审美视角，来重新审视中国美学史，从而改变以往研究中男性作为审美主体的局面，重建一种有着女性独特审美体验的美学史。

先秦女性审美作为中国女性审美的历史源头，它所奠定的审美观念及审美趣味对后世中国女性审美产生了深刻的制约作用。即使今天，当我们尝试对中国当代女性审美加以本质分析时，我们也必须正本溯源，回到先秦女性审美。这正是我们之所以选择先秦女性审美作为我们研究课题的重要意义。

再者，就目前先秦女性研究的现状来看，20 世纪 80 年代以来，关于先秦女性的研究虽然日渐成为一个重要课题，各种有关先秦女性的个案研究此起彼伏，并且在前期既有个案研究的基础上，又有了专门系统的梳理性著作，但总的看来，这些研究都相对缺少一种审美的视角。田家英于 1982 年出版的《中国妇女生活史话》（中国妇女出版社）、郑慧生于 1988 年出版的《上古华夏妇女与婚姻》（河南人民出版社）等专著，主要从社会学视野对中国先秦时期的女性婚姻、女性生活等方面展开了有意义的探索。这些性别意识凸显的研究大都尝试以女性的视角来敞亮男性中心文化对女性文化的遮蔽，从而对先秦女性具体的生存境遇进行历史性的分析。90 年代以来，对先秦女性的研究更加走向自觉，陈晓的博士论文《先秦妇女研究》、吴晓红的博士论文《中国古代女性意识——从原始走向封建礼教》、赵玉宝的博士论文《先秦性别角色研究》以及肖发荣的硕士论文《先秦女性社会地位研究》等，这些研究从不同的角度和侧面对先秦女性展开了丰富的探索，并就一个问题从历时性或共时性的维度展开全面深入的分析解剖，进行系统的梳理。但通观这些文章，我们发现它们存在着某种内在的同一性，即这些文章的关注点虽然不同，或着眼于女性意识，或着眼于女性的社会地位或性别角色，但它们基本上都是对先秦女性物质或精神生存状态的一种客观描述和分析，而缺少美学的视野。

正是基于以上研究的偏颇，因此，我们必须把先秦女性审美纳入我们研究的视野。先秦女性审美研究不仅是美学意义上专题形式的断代史研究，也是性别学意义上的性别审美研究。以女性审美的视阈，展现女性审美不同于男性审美的独特品格，这不仅是美学研究中的一种尝试，而且也是女性学研究中的一种有力尝试；不仅是美学研究上的历史事件，更是女性学研究上的历史事件。它不仅应该成为中国美学史的研究对象，也应该理所当然地成为先秦女性研究的目标之一。

第二节　先秦女性审美研究现状分析

20 世纪 90 年代以后，关于先秦女性的研究就已经比较自觉地运用美学的视野。这种先行研究为我们进一步的深化研究做了早期铺垫，但同时也存在不少问题。下面，我们对先秦女性审美研究的有关状况加以简单的描述。

关于先秦女性审美的研究主要集中于对《诗经》文本的分析。因为春秋战国时期是先秦女性审美意识的成熟时期，在这样一个特殊的历史时期，先秦女性的审美旨趣、审美理想以及审美方式基本已经定型，并且，先秦女性这种内在的审美观念主要外在地物化为具体的物质形态——《诗经》文本。因此，有关先秦女性审美研究也相对比较集中地表现为对《诗经》文本中女性审美的研究。20 世纪 90 年代以来，有关《诗经》女性审美的研究文献主要有：张吕的《从〈诗经〉

中的两性审美看周代妇女的社会地位》（《益阳师专学报》1995 年第 2 期）、张吕的《〈诗经〉的两性审美诗及美学意蕴》（《浙江师范大学学报（社科版）》1995 年第 3 期）、边家珍的《从〈诗经〉看周代“人”的审美观念》（《河南大学学报（社科版）》1997 年第 3 期）、韦爱萍的《论〈诗经〉的女性美》（《西安教育学院学报》2000 年第 3 期）、李永平的《弃妇意象和女性化审美：中国古代弃妇意象的发生学研究》（《陕西师范大学继续教育学报》2001 年第 4 期）、张宇的《夸父、硕人、夸女——先秦人体美摭谈》（《兰州教育学院学报》2001 年第 1 期）、马凤华的《女性文学话语的自述——论〈诗经〉女性审美特色》（《江西社会科学》2003 年第 2 期）、金荣权的《论〈诗经〉时代的品貌审美》（《中州学刊》2004 年第 6 期）、侯文学、金红艳的《〈诗经〉中的女性美略窥——释“螓首”、“巧笑”》（《长春大学学报》2001 年第 6 期）、朱学东的《论〈诗经〉女性美的审美观念》（《零陵学院学报》2004 年第 5 期）、何光超的《“窈窕淑女”与民族审美意识》（《商丘师范学院学报》2005 年第 4 期）、朱学东的《论〈诗经〉女性美的审美观念》（《零陵学院学报》2004 年第 5 期）、郑群的《〈诗经〉叙写女性的不同视角及其审美特征》（《扬州教育学院学报》2005 年第 4 期）等。这些文章从不同方面对周代女性审美加以研究，不仅研究周代女性具体的审美地位、审美渊源，而且研究周代女性审美的形体标准，提出周代女性以“硕大”为美的审美观念。在对周代女性进行品貌审美的基础上，更对其内在的德性美、精神美做了具体分析，提出了既“硕大其颀”，又“德音莫忘”、“美善相乐”的审美主张。由此我们可以窥视到《诗经》时代女性审美的丰富意蕴。

除了《诗经》文本中的女性审美研究外，关于上古神话中女性审美的研究文章也不少。郑榕的《中国古代神话中的女性象征》（《中华女子学院学报》2002 年第 4 期）、胡晓娟的《论中国古代神话中的女神》（《湖南社会科学》2005 年第 4 期）等论文就是这方面的研究。这些论文对神话中女神的历史变迁、象征意蕴做了比较深刻的阐述。

此外，关于先秦女性审美从西周、春秋到战国时期的历史变迁，学者们也有分析。李炳海的《从幽静闲雅到妖媚妖冶：窈窕意象的原始内涵及演变》（《东北师范大学学报（哲社版）》2001 年第 5 期）以及王渭清、张弘的《“以德为美”与“美在艳情”——中国古代女性审美品质探源》（《辽宁师范大学学报（社会科学版）》2005 年第 3 期）两篇文章从历时性的角度对先秦女性审美的历史演变做了美学上的分析。薛富兴先生的《〈诗经〉审美观念举例》（《阴山学刊》2005 年第 3 期）则从更为宏观的角度对周代审美观念做了深入阐述。

也有从心理学方面探寻先秦女性审美的内在心理机制的，如虞蓉的《“女子善怀”：先秦妇女创作心理机制初探》（《求索》2004 年第 3 期）、周海霞的《先秦女性自卑心理产生原因探析》（《哈尔滨学院学报》2004 年第 10 期）。仪平策的《母性崇拜与审美文化：中国美学溯源研究述略》（《中国文化研究》1996 年第 2 期）则对母性崇拜的成因及其对中国审美文化的深刻影响做出了令人信服的分析。

综观以上所述，可以看到，20 世纪 90 年代以来的先秦女性审美研究取得了众多成果，无论就研究的深度和广度而言，皆有所突破。但是仍存在着不足和尚需改进的地方。

首先，从先秦女性审美研究的广度上来讲，还应该有所突破。目前先秦女性审美的研究大多集中于《诗经》文本中的女性美研究之上，而没有以一种更为宏阔的视野对先秦女性审美展开论述。虽然这种研究展现了《诗经》时代女性具体的审美表现及特点，但似乎显得有些单薄。这种研究特点决定了研究的集中化弊病。就研究的历史阶段而言，整个先秦女性审美研究主要集中于春秋战国时期的女性审美，而没有对从上古以来的整个先秦女性审美展开动态的历史把握。

其次，从研究的深度而言，很多研究集中于先秦女性外在审美形式的研究之上，而对先秦女性更为内在的审美观念、审美趣味、审美理想等缺乏较为深入的探索。

再次，有关先秦女性审美的研究个案多，而系统的通论性研究少，以专题形式加以研究的专著更是没有。

为什么先秦女性审美作为一个重要的研究课题长期以来却一直处于研究的薄弱环节呢？我认为原因主要有三点：

第一，传统男权文化对美学史研究的影响从而致使在先秦美学史研究中女性意识的缺失。这一点也许是最主要的原因。由于男权文化的影响，在美学理论以及美学史研究中，人们关于审美主体的认知其实是不全面的，人们往往关注一个貌似客观的中性的人的审美活动，而对有性差的人的审美活动关注不够，并往往以这个无性差的人的审美活动涵盖一切，遮蔽一切。其实，这种研究虽然貌似客观公正，持一种价值中立的审美立场，但事实上是以内在的男性审美视点展开的，以男性的眼光来观望一切，审视事实，并以此作为关于审美活动的客观描述和判断。这种忽视女性审美、以男性视野取代一切的研究在一定意义上来说，是一种不全面的、违背了历史真实的研究。因为女性作为人类生命的另一半，她们的审美活动理应得到应有的尊重和关注，任何忽视都是不理性的。根据后现代主义的理论，本质主义、整体主义、中心主义等一切宏大的叙事话语本身都是让人怀疑的，而边缘化的、非中心的、已经被历史的尖锐划破的碎片在某种意义上更具有真实的价值。女性，作为在历史场景和文化秩序中意义不明的符号，到了该打破沉默的时刻了。

关于先秦美学思想的研究著述可谓多矣。具有代表性的，有李泽厚的《中国美学史》（第一卷）、敏泽的《中国美学思想史》（第一卷）、于民的《春秋前审美观念的变迁》、施昌东的《先秦诸子美学思想述评》、彭亚非的《先秦审美观念研究》等，这些研究著作对关于先秦美学都做了自我深刻的描述，但它们一方面几乎无一例外的都是审美思想史，缺少对先秦具体审美风尚的研究。另外，由于受传统男权文化思想的影响，这些思想史研究采取的大都是一种遮蔽性的研究方法，即以男性的审美话语作为主导话语，而放逐了对女性审美经验的描述；更多的关注社会主流意识形态，而对民间审美意识关注不够，特别是对生活在社会边缘的民间女性的审美意识关注不够。所以这种研究主要体现了当时社会上层男性、精英知识分子的审美思想，而其女性意识、边缘意识欠缺。即使在涉及女性的有关描述中，也仅仅是把女性作为一个被男性欲望窥视的他者，而不能把她们作为真正精神自由的审美主体。

其实客观来说，先秦时期的女性审美不仅对当时的男性审美产生了深刻影响，而且对整个后世的中国美学思想影响都是深刻的。特别是中国一些重要的审美范畴如“自然”、“虚静”、“玄鉴”等，在相当大的程度上都和先秦女性审美具有密切关系。而我们在做先秦美学的研究时，往往忽视这一点，不做深入挖掘。

第二，女性主义美学在中国发展的不成熟也造成了先秦女性审美研究的阙如。女性主义美学作为一种理念传入中国是20世纪80年代中期以后的事情，所以在我国，关于女性美学的研究起步是比较晚的。以往人们研究先秦女性时，要么从社会学的角度，要么从心理学的角度加以探索，而较少从女性美学的视角进行分析。这种状况就造成了先秦审美研究中女性视角的缺乏。

西方的女性主义美学发展比较成熟，它在西方的产生大概可以追溯到20世纪60年代。西方女性主义美学认为，传统美学是一种男性霸权的美学，是一种体现了男性权力意志的美学。为了重建独特的女性美学，女性主义完全放弃了西方传统美学对和谐、整一的审美理想的追求，而提倡建立一种以女性审美体验为主的“反美学”（paraesthetics）。这就是颠覆西方传统男性中心（phallocentric）的审美思维方式，构建一种以女性为主体的模糊美学观念。

西方女性主义美学为我们重新思考中国美学提供了契机。建立另类的美学表达模式，拓展女性研究的新空间，是我们今天研究先秦女性审美所必须正视的问题。

第三，关于先秦女性审美资料的严重匮乏也在客观上造成关于这个课题研究的薄弱。就目前来看，关于先秦女性本身的资料相当匮乏，即使有所涉及，也大多是一种侧面描述，缺少正面的刻画。女性作为一种被历史遗忘的客体，她们在历史中的缺席现象的确造成了关于其研究的困难。这也是关于其研究缺少的一个重要原因。

这种研究的阙如一方面给我们留下了遗憾，另一方面也给我们留下了大量思考的空间。

第三节　先秦女性审美研究的内容和方法

先秦女性审美研究是一个内涵非常繁杂庞大的课题，在对之展开深入的分析时，我们首先应该尝试从审美发生学的角度出发，考察先秦女性审美意识产生的历史渊源及其审美特征。并在具体的研究过程中，以先秦审美文化作为背景，以先秦女性审美意识的直接物化成果——审美艺术作为研究对象，从而探索先秦女性审美意识的逻辑发展及基本特性。其实，在进行先秦女性审美研究时，我们不仅以女性艺术作为主要的研究对象，而且把先秦时期具有女性审美意味的审美观念、审美趣味等也纳入我们的审美视野加以探究。

具体来说，先秦女性审美研究所涉及的材料范围，不仅包括文献的（文字性历史、观念性材料及文字符号本身），而且包括实物的（出土文物）；不仅包括实践的（相关的各种审美活动如自然审美、工艺审美、艺术审美等），而且包括理论的（诸子理论文本所及相关审美观念）。

本书作为对先秦女性审美活动及其影响的系统性断代史研究，欲重点讨论先秦女性在审美活动中所形成的特殊审美意识及其物质表现形态，以及她们参与审美活动的特殊性方式、趣味及其对中华审美活动的普遍性影响。

首先，先秦女性审美的历史进程是应该得到关注的。因为只有从历时性的角度来对先秦女性审美加以把握，我们才能深刻地体认到先秦女性审美的历史变奏，从而从动态的方面认识先秦女性审美的本质；也由此认识到先秦女性审美并不是一个僵死的概念，而是一个不断衍化生成的过程，这就在一定意义上可以打破以静止孤立的眼光对之进行研究。

其次，我们还必须静态地深入分析先秦中华女性审美的内在结构要素。包括审美主体的活动范围、审美主体的类型及审美实践和观念趣味上的特殊性、女性特殊的审美方式等，这种对先秦女性审美的结构分析主要是从美学的角度对先秦女性做深入集中的理论分析。这一点是我们研究先秦女性审美的重点和难点，因为唯有对之展开深入的分析，我们才能深刻地把握先秦女性审美的根本特质及内在特点。

最后，我们还必须拓展性地讨论先秦女性审美对中国传统美学史及古典文化艺术、民族性格以及后世女性审美的普遍性价值。因为这是我们进行先秦女性审美研究这一课题的根本现实意义所在。唯有对先秦女性审美做深入的分析，我们才能对中国古典文化艺术的精神气质、民族性格的根本内涵、当代中国女性审美的根本特点及历史走向有更清醒的认识，从而把先秦女性审美活动中有利的审美资源转化为现实生活中女性审美行为的指导原则。

从论证方法上说，史论结合乃本书的总体方法。这种史论结合的方法不仅可以对先秦中华女性审美活动的面貌做系统的、动态的、历史的梳理，而且可以对先秦中华女性审美活动做较深入的结构分析，包括女性审美活动的范围、女性审美活动的特殊方式、女性审美表现的特殊性审美趣味、女性审美意识对先秦中华审美活动的普遍性影响。

作为断代、专题的美学史研究，本书强调相关具体材料的收集及运用，强调材料对观念的支撑作用；作为美学理论学科，本书强调在具体的材料梳理中，能提出具有普遍理论意义的问题，并力求做出较系统、深入的解释。

第一章　先秦女性审美的历史进程

女性，曾以她华美的生命，照亮人类黑暗的夜空。女性，又以她静默的呼吸，运行在人类历史的地表之下。康德说，女性是以美作为标志的，男人才属于崇高的力量。

在先秦，女性作为审美法则的物质化身，作为具体可观的审美符号形式，随着社会权力法则的变迁，也相应地发生着不断的历史变奏：从与男性无甚差异的刚健美逐渐走向与男性阳刚美相对立的阴柔美，从自发的无意识审美逐渐走向理性自觉的意识层面审美，并最终形成一种比较固定成熟的审美图式。这种美优柔、晦暗、忧郁、宁静，充满令人惊奇的感性力量，与充满令人恐惧的理性力量的阳刚美相迥异。尤其在传统审美文化中，她“与每个极性的黑暗的、被怀疑的负面一致，如身体与心灵、自然与文化、黑夜与白天、物质与形式、疯狂与理性”①。

先秦女性审美的这种历史演绎有着权力意志的参与，因为权力作为一种福柯所说的可以被生产的知识形式，作为一种充满了暴力性的存在，它不仅能自由地书写个体生命的人生，而且能有力地生产审美的法则。这一点正符合社会性别学的观点。社会性别理论认为，任何性别的建构都不是由自身的生物性因素决定的，而完全是社会文化作用的结果，这同样适用于关于两性的审美想象。

---

① ［英］史蒂文·康纳：《后现代主义文化——当代理论导引》，严忠志译，商务印书馆 2004 年版，第 357 页。

第一节　史前时期的女性审美

远古蛮荒时代，人类刚刚从混沌中走出，尚没有能力建构庞大的父性文明体系，这时，母系文化闪耀着她迷人的光华。从旧石器时代晚期一直到新石器时代农耕生产发生期，无论在中国还是西方，普遍存在一个女神崇拜的时期。在这个时期，女性作为社会的主体力量处于社会宗教生活的中心位置，她像无所不在的太阳，驱逐了一切阴影，照耀着社会的角角隅隅。由于父系文化不能作为文化的主体力量出现在人们面前，所以这时，男性尚不能把女性作为压迫的对象。表现在审美上，史前时期女性审美的性别差异还不是十分明显，女性不是作为审美的客体出现在人们面前，而是自由地释放着自己原始的生命力，歌唱着自然，歌唱着自己。

一　女性审美意识的诞生及审美性别维度的缺乏

中国早在旧石器时代晚期的山顶洞人时期，审美意识其实就已经诞生了。这一点可以从山顶洞人的装饰品看出。当时的“装饰品中有钻孔的小砾石、钻孔的石珠、穿孔的狐或獾与鹿的犬齿、刻沟的骨管、穿孔的海蚶壳和钻孔的青鱼眼上骨等。所有的装饰品都相当精致，小砾石的装饰品是用微绿色的火成岩从两面对钻而成的，选择的砾石很周正，颇像现代妇女胸前佩戴的鸡心；小石珠是用白色小石灰岩块磨成的，中间钻有孔；穿孔的牙齿是由齿根两侧对挖穿通齿腔而成。所有装饰品的穿孔，几乎都发红色，好像它们的穿戴都用赤铁矿染过”①。从审美的意义上来看，山顶洞人的这些项饰，它们具体的实用价值和巫术价值其实已经非常模糊，审美价值则非常明显，甚或可以说，这时的巫术宗教价值是附着于审美价值上的。河北阳原旧石

① 贾兰坡：《“北京人”的故居》，翦伯赞、郑天挺《中国通史参考资料》（第一册），中华书局1980年版，第170页。

器时代晚期虎头梁遗址中，也出土有由穿孔贝壳、钻孔石珠、鸵鸟蛋壳和鸟骨制作的扁珠，扁珠的内孔和外缘十分光滑，说明曾长期佩带。其佩戴的巫术意义应该不是主要的，而是为了美观效果。这说明，至少在旧石器时代晚期，中华民族朦胧的审美意识已经萌生了，人类开始具有了美化自我的行为意识。然而，这个时期人们的审美意识，其审美的性别色彩还不是十分突出，审美还是一种两性行为。因为我们在山顶洞人的老年男性头骨的左侧发现有穿孔的甲壳以及穿孔的狐狸犬齿，在骨盆和股骨周围找到赤铁矿粉和赤铁矿石。这说明旧石器时代晚期，审美不仅是一种女性行为，而且是一种男性行为。

到了新石器时代中早期的母系氏族社会，女性审美意识就已开始萌芽了。这不仅表现在她们对项饰、手饰的重视，而且开始表现在对发式的重视上。在马家窑文化陶器上，我们见到一些彩塑和彩绘人头像，面部都绘有一些下垂的黑色线条，很明显这是披发覆面习俗的写照，当是青壮年妇女的流行发式。而女性对自我发式的关注，是女性进行审美活动的一个重要内容，也是有别于男性审美的一个典型标志，它标志着女性自我独特的审美意识的觉醒，其意义是深远的。而对发式的关注也一直是后世女性进行自我审美的一个重要主题。《诗经·鄘风·君子偕老》描述宣姜之美时就强调了她的发式："君子偕老，副笄六珈。委委佗佗，如山如河……鬒发如云，不屑髢也。"说明了发式对女性审美的重要意义。及至后来，女性发式就更加多种多样了。秦时的女性发式有望仙九鬟髻、凌云髻、垂云髻等，汉时女性发式则有坠马髻、盘桓髻、分髾髻、百合髻以及瑶台髻、迎春髻、垂云髻、同心髻、三角髻、三鬟髻、双鬟髻等，后来曹魏文帝妻甄后还创立了灵蛇髻等，这种对发式的重视一直延续到今天的女性自我审美。由此看来，新石器时代中早期女性的这种自我审美尽管是一种没有任何成熟审美观念做指导的审美，但它的历史意义却是深远的，它开启了中华女性自我审美的大门。

到了新石器晚期的父系文化时代，女性的审美就比较自觉了，人们开始对审美进行了性别分野。把女性更多地和美联系在一起，男性更多地和物质生产联系在一起。也可以说，在新石器时代晚期，人们开始把女性和美联系在一起，而把男性更多地和善联系在一起。

特别鲜明的例子就是大汶口文化遗址。“在这个一百二十多座的墓葬中，凡头部有装饰品的多随葬纺轮，不然多随葬农具。虽然其时男女都束发着笄，有的头发上还插着镂空花纹的象牙梳，但妇女额前都有一弯像两片野猪獠牙加工做成的月形装饰。并且，妇女们还要带头饰两串（有的四串或一串不等）、颈饰一串。前者分别用白色大理石片和管状珠组成，后者由不规则的绿松石骨突子串作项链。再戴上象牙片耳坠，右腕带玉臂环，手上带玉指环。随葬还有玉斧、象牙雕筒等饰物。……其装饰已经近于豪华。”[①] 从这里，我们可以发现，到新石器时代晚期，女性自我审美已经趋向自觉，她们的审美范围也在不断扩大，已不仅仅局限于发式、头饰、项饰等，而且把自我整个身体都视作了审美对象，并且，装饰的豪华性已经让人叹为观止。据考古资料，陕西华县元君庙一幼女墓出土了骨珠1147颗，而陕西临潼姜寨的一座仰韶墓葬中，有一少女佩有骨珠串成的项链，共8721颗。并且随着时代的发展，到新石器时代晚期，女性装饰的材质有所变化，骨、陶首饰减少，石、玉首饰增加。女性这种对自我身体审美的重视意义是非常深远的，它不仅一直是后世女性审美的重要主题之一，而且更重要的是，在审美上，开始有了性别差异。新石器时代人们审美的这些特点决定了整个中华民族未来的审美走向和特点。

在审美精神上，由于母系氏族时期的女性尚没有受到父权文化的制约，因此女性对自身的性别特质还不能进行清晰的界定，作为大自然的产物，她自由自在地书写着自己与大自然同质同构的生命个性。作为女性，她也自由地毫无限制地发展着自己身上的阿尼姆斯情结，而阿尼姆斯作为女性身上的一种男性特质，它深深地蕴藏在女性生命的内部。——根据荣格的观点，“任何一个男人身上都有女性的一面，

---

① 沈从文：《中国古代服饰研究》，上海世纪出版集团2005年版，第12页。

这就是男性的阿尼玛；任何一个女人身上都有男性的一面，这就是女性的阿尼姆斯。每个人都天生具有异性的某些性质……男人和女人都同样分泌男性激素，也分泌女性激素，而且……从心理学的角度考察，人的情感和心态总是兼有两性倾向"[①]。正是因为没有受到男性文化的制约，所以女性不必刻意去压抑自我身上的男性特质，驱除内心的阿尼姆斯情结。审美上性别维度的这种缺乏使母系氏族制时期的女性不必作为男性欲望可以窥视的客体而存在，而是作为一种有着特定意向性的主体而存在，这种主体性的彰显从而使史前时期的女性失去了一份萎靡纤弱的气息，多了一种刚健的力量。

再者，母系氏族制时期，女性由于是社会文化的生产主体，所以这种特殊的社会地位也决定了史前时期女性刚健美的人格魅力。在原始社会，女性在社会生产劳动中扮演着重要角色，她们和男人一样是劳动的主体力量，而不是像后世封建时期的女性，拘囿于家庭闺房之内，做一些静态的低强度劳动，而是进行着高强度的社会劳动，这种紧张激烈的生活节奏，以及事务主持者的身份不得不把她们锻炼得敏捷、果断、勇敢、强悍、外向[②]。

种种因素的合力，致使史前时期女性的审美意识比较单纯自然。由于没有很多性别文化的制约，在审美观照上，女性整体崇尚一种刚健之气。并且，这时的女性审美意识由于发展不成熟，审美性往往和功利性交织在一起，缺少一种对纯粹形式美的自觉观照。

对此，我们可以尝试对反映史前女性审美精神的观念性文化产品——神话，做一较为深入的分析。

神话中的女神根据分类不同，大致可分为两种女神：母系社会时期的原始女神和父系社会初期的人祖女神。由于原始女神更多地体现了史前女性审美的诸多特点，所以我们在做审美分析时，主要以之作

① 袁振国、朱永新、蒋乐群等：《男女差异心理学》，天津人民出版社1989年版，第22页。

② 罗时进：《中国妇女生活风俗》，陕西人民出版社2004年版，第81页。

为审美对象。如《山海经·西次山经》中的西王母，“其状如人，豹尾虎齿而善啸，蓬发戴胜，是司天之厉及五残”。《山海经·大荒西经》曰：

> 西海之南，流沙之滨，赤水之后，黑水之前，有大山，名曰昆仑之丘。有神，人面，虎身，有文有尾，皆白，处之。其下有弱水之渊环之，其外有炎火之山，投物辄然。有人戴胜，虎齿，豹尾，穴处，名曰西王母。

作为司守灾厉的西天女神，这里的西王母还是一个半人半兽的怪神。她不仅没有后世女性优雅娴静、曼丽修娟的审美特征，而且面目狰狞、剑拔弩张，具有男性刚猛的气质和力量。

同样的还有女魃，作为司守旱灾的女神，她同样显示出了远古时期女性身上阴戾暴怒的一面。据《山海经·大荒北经》记载：

> 有系昆仑山者，有共工之台，射者不敢北射。有人衣青衣，名曰黄帝女魃。蚩尤作兵伐黄帝，黄帝乃令应龙攻之冀州之野。应龙畜水。蚩尤请风伯雨师，纵大风雨。黄帝乃下天女曰魃，雨止，遂杀蚩尤。魃不得复上，所居不雨。叔均言之帝，后置之赤水之北。叔均乃为田祖。魃时亡之，所欲逐之者，令曰：“神北行!”先除水道，决通沟渎。

作为司旱灾的女神，女魃表现得骁勇善战，充满了狞厉愤怒的力量，与后世视女性为幽柔的水文化表征决然不同。不仅如此，女魃还时时以灾难的形象出现。如在《诗·大雅·云汉》中，有这样的诗句，“旱魃为虐，如惔如焚”。《神异经》亦云：“南方有人，长二三尺，袒身而目在顶上，行走如风，名曰魃。所见之国，赤地千里。一曰旱母，遇者得之，投溷中即死，旱灾消。”上古时期人们关于女魃的女性观念显然有别于后世人们赋予女性审美文化的种种特质。

在上古时期，不仅有着旱魃女神崇拜，而且还有雪神崇拜。《淮南子·天文训》云："至秋三月，地气不藏，乃收其杀，百虫蛰伏，静居闭户，青女乃出，以降霜雪。"旧注："青女，天神青霄玉女，主霜雪也。"雪神在上古时期被视为女性神。有时落雪降霜不合季节，则被视为不祥，要致祭宁灾。《左传》昭公元年有云："雪霜风雨之不时，于是乎禜之。"在这里，女性和充满了阴冷气息的霜雪联系在一起，成为它们最直接的表征。她没有女性温柔优雅的气质，而是显得杀气冲天。

战争女神九天玄女，也是一副铮铮硬汉的气质，没有一点女性妩媚的气息。据目前最早的记载玄女传说的汉代纬书《龙鱼河图》云：

> 黄帝摄政前，有蚩尤兄弟八十一人，并兽身人语，铜头铁额，食沙石子，造立兵仗刀戟大弩，威振天下。……黄帝仁义，不能禁止蚩尤，遂不敌，乃仰天而叹。天遣玄女下，授黄帝兵信神符，制伏蚩尤。……帝伐蚩尤，乃睡梦西王母，遣道人，被玄狐之裘，以符授之曰："太乙在前，天乙备后，河出符信，战则克矣。黄帝寤，……立坛祭以太牢，有玄龟衔符出水中，置坛中而去。黄帝再拜稽首受符，视之，乃梦所得符也。广三寸，袤一尺。于是黄帝佩之以征，即日禽蚩尤。"

《博物志》卷九亦引《玄女传》：

> 蚩尤幻变多方，征风召雨，吹烟喷雾，黄帝师众大迷。帝归息太山之阿，昏然就寝，王母遣使者被玄狐之裘，以符授帝，符广三寸，长一尺，青莹如玉，丹血为文，佩符既毕，王母乃命一妇人，人首鸟身，谓帝曰："我九天玄女也。"授帝以三宫五意阴阳之略，太乙遁甲六壬步斗之术，阴符之机，灵宝五符之文，遂克蚩尤于中冀。

虽然有人称玄女是房中术神的象征，但玄女同时作为战神的身份却是丝毫不可动摇的，战争的狞厉与野蛮赋予了玄女一层恐怖而神秘的色彩。

而以人类大母神形象出现的女娲，虽然她没有表现出面目可憎的样子，但同样也没有表现出纤弱可怜的情状。她不仅造人，如《山海经·大荒西经》曰："有神十人，名曰女娲之肠，化为神，处粟广之野；横道而处。"（郭璞注曰：女娲，古神女而帝者，人面蛇身，一日中七十变，其肠化为此神。粟广，野名也。）《太平御览》卷七八引《风俗通》亦曰："俗说天地开辟，未有人民，女娲抟黄土作人，剧务，力不暇供，乃引绳於絙泥中于举以为人。"

而且，为了拯救人类，她炼五色石修补苍天，如《淮南子·览冥训》曰：

> 往古之时，四极废，九州裂，天不兼覆，地不周载，火滥焱而不灭，水浩洋而不息，猛兽食精民，鸷鸟攫老弱。於是女娲炼五色石以补苍天，断鳌足以立四极，积芦灰以止淫水，民生背方州，抱周天，和春、阳夏、杀秋、约冬，枕方寝绳。

作为人类的始母，女娲在面对黑暗混沌的时候，她没有像男性一样，无力地消隐在宇宙无边的虚无之中，而是勇敢地站立出来，以自己的全部心力来塑造人类光辉的形象，并在人类遇到灾难时，一扫女性的柔媚之气，以五色石修补苍天，拯救人类。这里的女娲表现得隐忍、刚猛、宽厚，没有脆弱、妩媚、阴柔的气质。

精卫也表现出了同样坚忍不拔、孜孜不止的复仇精神。作为炎帝的女儿，精卫被大海淹死后，不是屈服于命运的播弄，而是敢于向毁灭自己的力量挑战，表现出了一种不可侮辱的凛凛之气。《山海经·北山经》记载曰：

发鸠之山，其上多柘水。有鸟焉，其状如乌，文首、白喙、赤足，名曰精卫，其鸣自詨。是炎帝之少女名曰女娃，女娃游于东海，溺而不返，故为精卫。常衔西山之木石，以堙于东海。漳水出焉，东流注于河。

即使是代表美与爱的“性爱女神”瑶姬，也不是贞洁自守，而是主要实现其“隐蔽的泻欲功能”。

总之，从审美的角度来看这些产生于母系氏族制时期的原始女神，我们发现，与后来产生于父权制社会感生神话中的人祖女神如女登、修己、简狄、姜嫄等相比，这些原始女神以刚健美为主要精神品格，或宽厚或暴戾，身上洋溢着一种难以言说的阳刚气概，一点没有后世女性的优柔娇弱。这说明产生于母系氏族社会时期的女性神话反映的主要是一种以女性为社会主体的女性崇拜意识，而不是一种以男性为社会主体的英雄崇拜意识。由于女性是社会的中心，男性文化还不能对它构成一种威胁，所以表现在审美观念上，就弘扬了女性刚强自若、自信乐观的精神信念。

二 陶器和雕塑：史前女性审美诉求的特殊表达

关于史前女性审美的具体物质化表现，不仅具体体现于原始女性神话，而且有力体现于反映史前女性审美观念的物质性文化产品——陶器和雕塑。下面，我们就尝试对这些女性审美文化产品做一较为深入的分析。

先看史前陶器。

陶器作为新石器时代最具代表性的文化遗存，是新石器时代最重要的文化符指，也是新石器时代最具有审美意识的创造。用林少雄先生的话说，就是“彩陶时代的器物，则第一次立体、全面地表现了原始人的审美需求。彩陶集实用、雕塑、绘画、烧制的各种艺术和技术于一身，使人类第一次将自己的审美观念完整、系统而又全面地表达了出来，反映了人类高度综合的知觉能力和强烈追求美的审美愿望，所以彩陶时代的出现，标志着人类文化史上一个全新的审美时代的到来”①。由于在新石器时代，阴阳性别观念已经出现，彩陶作为一种蕴含了浓郁性别意味的文化产品，能够极大地反映女性文化的一些根本精神及特质，反映女性审美的一些原初观念。通过陶器，我们能够浮游到达原始女性庞大的潜意识黑暗大陆，接近她们沸腾着的原本力量，触摸到她们刻骨的欢乐与悲哀、胜利与喜悦。

首先，就陶器的形制来看，是以圆形为主，而较少其他如方形等形制。而圆形，正如毕达哥拉斯学派所认为的，是一切图形中最美丽的形体。并且，从文化意义上说，圆形也是女性形态的神秘象征，正像方形是男性形态的象征一样。关于这一点，毕达哥拉斯派（Pythagoreans）的理论就比较具有代表性。因为它比较早地把事物的形式与性别因素、道德因素联系了起来，并赋予世界的原理以性别色彩。例如，他认为，作为世界始原本质的原理（principles），“有些原理与决定性的形式有关，有些原理则与非决定性的形式有关。前者被判断为‘善的、好的’，后者则为‘恶的、坏的’。这些原理乃对应于一系列二元主义的观念，包括：有限/无限、单数/双数、一元/多元、左/右、男/女、静止/活动、直/曲、光/暗、好/坏、方形/椭圆”②。我们不难看出，毕达哥拉斯派直接把圆形等同于女性，把方形同男性联系了起来。由此，客观的形式因素便最早地具有了性别文化的内涵。在中国原始时期，事物的实际情形也是如此。人们赋予了圆形更多的女性文化的内涵，认为它就是女性文化的感性能指。“女人是圆的，男人是方的”，这几乎成了一个亘古不变的誓言。根据文化人类学的观点，圆形作为女性的物质能指主要是由于原始人通过观察母腹和圆形的子宫而获得的感性经验，这种解释是合理的。陶器的形制，就外在感性形式来说，是一个具有无限空间的圆形容器，这种具有一定的

---

① 林少雄：《人文晨曦·中国彩陶的文化解读》，上海文化出版社 2001 年版，第 315 页。

② 文洁华：《美学与性别冲突》，北京大学出版社 2005 年版，第 39 页。

空间性，具有无限的包容精神的特点，无疑与女性的生命本质相契合。因为女性在本质上说首先是一个具有无限生命力的大容器，具有巨大的生殖性、包容性，空间性很强，从而与男性在生命节奏上呈现为强烈的时间性不同。这种男女两性在文化表征上的不同正像朱莉娅·克里斯蒂娃所说的一样："女性总是被当作空间来对待，而且常常意味着沉沉黑夜……反过来男性却总是被当作时间来考虑。"① 从深层次上讲，陶器无论是在外在形式上还是内在功能上，都和女性的子宫有着无比的相似性。作为一个圆形的存在物，它犹如大地母亲一样，孕育了一切、滋养了一切、涵摄了一切，在这里，我们仿佛可以从它的身上闻听到自然原欲温热的呼吸。由于此，在人类深层意识或潜意识中，人们总是把圆形的陶器视为了女性的文化表征。户晓辉先生说："陶器是大地母亲子宫的象征，由于原始思维的浑融性和互渗特点，所以在史前人类眼中，它又是动植物及人的子宫的象征，换言之，有容乃大的陶器是一切生命容器的象征物。"② 这样，陶器由于它特殊的形制——圆形、深腹，就和女性紧密地联系在一起。它以自己宽容、温厚、含蓄的品性获得了与女性生命一致的内在风格，默默言说着女性特殊的审美诉求。

虽然有人强调陶器的实用性品格，认为陶器的圆形、深腹，更具有实用功利色彩，而不具有文化审美的象征意义，但我们要说的是，陶器作为女性制作的物质产品，它不仅仅具有物质属性，更具有文化的神秘色彩，渗透着女性深沉的审美意识。"女人 = 身体 = 容器 = 世界"是人类远古时代一个普遍的精神信仰。这一点，主要是源于陶器的制作和修饰大都由女人完成。著名人类学家埃利希·诺伊曼说："制陶艺术是女性的发明；最早的陶工是一位女人。在一切原始民族中，制陶术均出自女人之手，只是在文化发展的影响下，它才变为男

① ［法］朱莉娅·克里斯蒂娃：《性别差异》，载张京媛《当代女性主义文学批评》，北京大学出版社 1995 年版，第 374 页。

② 户晓辉：《地母之歌——中国彩陶与岩画的生死母题》，上海文化出版社 2001 年版，第 174 页。

人从事的活动。”[①] 根据现代民族志观察，很多土著民族在进行陶器制作时，都赋予了陶器很重要的性别符号意义。“如在英属中非，男人动手制作陶罐，如果真有其事的话，也几近于无德。在整个北美、中美和南美，在马来群岛和半岛、美拉尼西亚群岛和新几内亚岛各地，制陶是一种本土行业，而制陶业独揽在女人手中。在尼克巴群岛，只有女人制陶，在安达曼群岛，北岛只由女人制陶，而在南岛，男人也可以制作陶罐。在中亚帕米尔高原，女人制作全部陶器，她们的制陶品以其艺术品位而备受赞赏。在尼尔吉里丘陵地区霍塔斯人中间，陶器专由女人制造；在缅甸也是同样的情形。非洲大部分地区的陶器只有女人制作。……比属刚果博物馆的人种学家们对 78 个部落的调查中，有 67 个部落的男人对制陶制造从未染指。”[②] 而据“现代的考古学家发现，仰韶文化彩陶上的指纹和甲纹都很细小，经有关专家鉴定，它们确系几千年前原始社会中女性纤细手指的印痕。因此，人们就有理由相信，作为史前绘画重要代表的原始彩陶是出自那位女性之手”[③]。

所以，就这个意义来讲，陶器本身就蕴藏着性别文化的密码，是一个审美的能指。它不仅是一个实用性的器皿，更无意识地潜藏了很多女性的审美文化精神。

其次，就陶器纹饰构图的线条来说，大都由曲线勾勒而成。而曲线，正像一些女性主义者所认为的那样，体现了女性的生命性征。根据她们的理解，直矢如砥的直线象征了男性勇往直前的勇气，表现了男性刚硬的生命特质；而柔弱的曲线却与富有生命活力、幻想力、情感力的女性生命特征相类似，这种像波浪一样前行的曲线代表了女性柔韧而又坚强的生命力。它像叹息的声响，像飞翔的姿势，像颠簸的海浪，像燃烧的火焰，穿越了大地，缓慢地，向天空进发。就像埃莱

---

① ［德］埃利希·诺伊曼：《大母神》，李以洪译，东方出版社 1998 年版，第 133 页。
② 同上。
③ 陶咏、李湜：《中国女性绘画史》，湖南美术出版社 2000 年版，第 3 页。

娜·西苏在《美杜莎的笑声》中所言，“飞翔是女性的姿势”。曲线作为蜿蜒着伸向神秘远方的尤物，它像轻声呼啸着的清风，引领着女性前行。它温柔、亲和，充满了同情的力量，在美的法则上，永远铭刻了女性生命的印记。“面对着这些彩陶上繁富、稚气盎然的色块和线条，我们的确在视觉和内心深处有一种震惊感：美学家们敏感地触摸到了它们所散发出来的生动、活泼、纯朴、天真和健康成长的童年气派，隐隐约约地体会出这些色彩和线条所具有的节奏、韵律、对称、均衡、连续、间隔、重叠、粗细、疏密、较差、错综、一致、变化、统一等形式规律”①，在这些生动活泼、富有变化的线条节奏里，我们更仿佛听到了远古女性的歌唱与哭泣。

第三，就陶器纹饰的内容来看，我们也由衷地感到整个陶器是与女性的生命合一的。虽然我们不能武断地说所有的纹饰内容都是对女性生命的演绎，但我们依然可以大胆地说，中国的很多彩陶纹饰都体现了对女性生殖的崇拜。比如彩陶纹饰的内容大都为动物纹、植物纹、几何纹、人面鱼纹等。在动物纹饰中，以鱼纹、蛙纹为主；而植物纹中，以花卉纹为主；而几何纹，据李泽厚先生的考证，其实就是动物纹饰的抽象发展和变化。而鱼纹和蛙纹，据赵国华先生考证，大都表现了对女性生殖的崇拜。因为鱼和蛙作为一种繁殖力很强的动物，它们不仅在外在表象上和女性生殖器有很多相似处，而且，还具有特别强的生殖能力。古人根据巫术中的相似律，认为通过表现它们可以增强自己的繁殖能力。正是基于这一点，鱼和蛙在陶器时代作为了女性外在的感性象征。女性也正是通过对这些有着特殊的性内涵的动物纹饰的书写，向人们传达了一种崇拜生命的意蕴，而花卉纹饰在陶器中也蕴藏了同样的性内涵。通过对陶器纹饰意蕴的解读，我们可以看到女性文化与自然万物的内在和谐关系，合和状态。这其实也是“天人合一”观念的最初表达，最早表明了女性审美的趋“自然性”

① 户晓辉：《地母之歌——中国彩陶与岩画的生死母题》，上海文化出版社 2001 年版，第 154 页。

状态。

总之，无论从陶器的形制，以及陶器的纹饰看，我们都可以判断陶器的确可以作为女性的审美文化象征。所以，通过对陶器的审美解读，我们无疑可以阅读到新石器时代女性的审美观念和审美理想，以及女性有别于男性的审美旨趣。圆形的陶器所具有的优雅、温润、柔和、质朴、自然等特性，显示了女性审美喜欢以感性的表达为焦点，特别是热衷于表达身体的各种琐碎的欲望，从而“远离那些缺乏经验的、纯主观概念的艺术”①，它是感性的，与理性保持了遥远的距离；同时它又是乐观的，积极的，充满了现世幸福的渴望。以陶器为主体的艺术体现了女性独特的审美观念，这种审美对“圆”、“中”、“对称”等观念范畴的尊崇深深影响了中国的审美文化。

当然，史前时期陶器在形制、纹饰等方面也存在着变化。这种变化是随着母系氏族社会向父系氏族社会的转变而同步发生的。首先表现在色彩上，陶器由原来的崇尚红色一变而为尚黑。其次表现在纹饰风格上，根据户晓辉先生的考证，“新石器时代早期彩陶纹饰的开放、流动的色彩以及圆点弧形发展到龙山时期就成了大而尖的空心直线三角形，或倒或立，机械而静止地占据了陶器外表大量面积和主要位置。早在仰韶文化晚期的鱼纹，就开始有狞怪的意味；大汶口和龙山文化的某些几何纹，神秘含义明显”②。再者表现在形制上，陶器也由早期的圆腹形向鸟器形、龟形转变。陶器这种器形和色彩的改变，进一步有力地说明了女性文化向男性文化转变的历史真实以及这种转变在审美观念上产生的影响。对此，赵国华先生如此分析：“远古人类的尚黑观念与鸟形器的数量呈现平行发展的特点，有力地证明了‘尚黑’观念源于男根崇拜，以及男根崇拜在母系制向父系制过渡时期的逐渐抬头，在父系制社会的炽烈。”③ 的确，进入父系氏族社会

① 文洁华：《美学与性别冲突》，北京大学出版社 2005 年版，第 10 页。

② 户晓辉：《地母之歌——中国彩陶与岩画的生死母题》，上海文化出版社 2001 年版，第 186 页。

③ 赵国华：《生殖崇拜文化论》，中国社会科学出版社 1996 年版，第 277 页。

以后，无论是在龙山文化遗址，还是在大汶口文化遗址，我们都发现了很多的蛋壳黑陶，而代表了母系制文化的红陶和彩陶则完全退出了历史舞台。陶器纹饰及色彩的这种美学风格的转变，即从女性的活泼愉快走向男性的沉重神秘，明显暗示了一个新的时代的来临。

再来看史前女性雕像。

史前女性雕像主要出现于母系氏族时代，具体见于裴李岗文化、马家窑文化、仰韶文化、红山文化等。作为母系氏族制时代的宗教艺术作品，它突出地反映了史前女性的审美意识。就这些雕像所体现的女性美学风格来讲，一般来说，她们没有体现出后世女性柔弱萎靡的审美特点，而是显得质朴、健康、自然，崇尚一种丰硕圆润的美。

我们首先来看仰韶文化中的女性圆雕头像。在西安半坡出土的距今约 6800 年前的半坡类型遗址中，我们发现了一个头像高 4. 6 厘米、陶色灰黑的女性头像。她面部略呈方形，轮廓硬朗，目光坚毅，整个造型古拙，不少研究者认为这件头像是氏族老祖母的形象。而甘肃礼县高寺头 1964 年出土的圆雕少女头像，是仰韶文化陶塑人像的杰作。头像残高 12. 5 厘米，用堆塑与锥镂相结合的手法制成，女孩自额前到头顶围绕一圈波浪形的发辫，脸型丰满圆润。临潼邓家庄 1978 年出土的陶塑人像，以泥质灰陶捏塑而成，为距今约 6000 年前的庙底沟类型遗物，女孩脸型丰满，眉目清秀。

从仰韶文化出土的女性头像来看，在审美上一般都倾向于一种丰满健硕的美感，女性雕像无论是少女或是老妪，大都丰硕健康，不刻意追求一种瘦削清秀的美。这隐约透露了母系氏族制时期女性审美的价值取向，即以肥硕为美。这一点典型地表现在红山文化的女性雕塑中。

1963 年在内蒙古赤峰西水泉红山文化遗址中，出土一件小型陶塑妇女像，女像残高 3. 8 厘米，泥质褐陶，有凸起的乳房。1972 年在辽宁喀左东山嘴一处距今约 5400 年前的红山文化祭祀遗址中，出土若干陶塑女裸像，女像一般都被突出了典型的女性特征，特别是其中有两件小型的女性雕塑，丰乳巨腹，阴部有凸显表现。1983 年 10

月，在辽宁省又发现了一座红山文化时期的牛河梁女神庙，庙中出土一件面涂红彩的泥塑女神头像，方面大耳，色泽丰润，嘴角圆而上翘，给人一种喜悦的感觉。特别是其额上塑一圈凸起的圆箍状饰，一双眼睛嵌淡青色圆饼状玉石，更是显得炯炯有神，极富生命力。

由此看来，在史前时期，女性并不以瘦弱、妩媚、飘逸为美，而是以硕大为美，较崇尚一种健康自然、充满了生命力的美感。

当然，到了父权制文化时期，雕塑的主体形象发生变异，由以女性为主开始转向以男性为主，审美风格也由此开始发生变化，从明朗健康转向刚猛狰狞。这一点可以从马家窑文化后期的雕像上看出。马家窑文化后期的雕像上，装饰在陶器上的人物，几乎都是男子的形象。据考古发现，甘肃东乡、宁定等地出土的三件半山类型人头形器盖，或在嘴巴及两腮部位画着胡须，或在脸上画着黑色的直线纹和锯齿纹，形貌都狞猛可怕，给人森森之气。

通过以上分析，我们发现，随着女性审美意识的诞生，史前女性审美拥有一些根本特点，如：史前神话主要表现了史前女性的刚健柔韧；史前陶器突出了史前女性的柔和质朴；史前雕像则反映了史前女性以“丰硕”为美的观念，突出了生殖崇拜主题。

总的看来，史前女性审美有如下特征：首先，从审美价值来看，审美意识尚不自觉、不独立，审美不是纯粹无涉、孤立绝缘的活动，而是表现出审美与宗教合一，审美与实用合一。其次，从审美性别的角度看，审美的性别维度不十分明显，即审美的性别意识不突出，人们只是在一种模糊的性别意识指导下进行物质文化产品的创造。

但从审美观念来看，基本上形成了一个主导性的审美观念，即以刚健为美。这主要是因为，史前时期，女性是社会的主体力量，处于宗教文化生活的中心位置，能够比较自由地释放自我原始的生命力，自由地创造物质文化产品，而这时的父权文化还没有建构起庞大的父系文明体系，不能对女性构成一种文化压迫。由于史前女性还没有成为一种被男性凝视的审美客体，所以表现在审美上，整体来说就不刻意追求一种优柔、纤弱、萎靡的女性美，而是崇尚一种健康的、自然的、刚健的、质朴的美。

第二节 商代的女性审美

殷商时期是中国历史上一个具有特殊文化意蕴的时期，因为在这个时期，中国已经初步建立起了父权制社会；同样也是在这个历史时期，中国女性的社会地位相比后世女性要高很多。而女性在一个文化系统中地位的高低直接决定她独特的审美观念和审美理想，从而深深地建构一个时代女性关于美的想象。

就历史进程而言，由于母系氏族社会遗风尚在，殷商时期在一定程度上继承了史前女性在审美上极力张扬主体性的品格，女性审美健康、自然。但是，透过甲骨文这一“中华文明从史前器质文明到文字为代表的观念文化转折的最重要历史中介”[①]，我们看到，女性已经开始在文化理性层面成为美的象征，成为被男性欣赏的审美对象。女性审美意识已经由原始时代的开放开始走向内敛，走向一种封闭的美感。这是殷商女性自觉服从男性社会规范的结果，更是殷商女性自我生命气质和顺应化表现，它标志着中国的女性审美开始在男性文化境遇中艰难跋涉。

一 “尚母意识”与女性审美主体品格的继承

“尚母意识”具体讲就是一种尊母重妇思想。殷商时期，由于去古未远，母系氏族社会遗风大量存在。就整个社会的状况来说，当时女性的社会地位相对于后世非常高。《史记·梁孝王世家》曾记袁盎言曰：“殷道亲亲，周道尊尊。”“亲亲”说明商代社会是以母性文化为核心的，它不同于以“尊尊”为表征的周代等级制父性文化。

在商代，“尚母意识”作为社会的主流意识形态，最典型的体现

① 薛富兴：《先秦美学的历史进程》，《云南大学学报》（社会科学版）2003 年第 6 期。

就是坤卦为首的占卜典籍《归藏》的出现。《礼记·礼运》中载："孔子曰：我欲观殷道，是故之宋，而不足征也，吾得《坤乾》焉。"学者们公认：《坤乾》即《周礼·大卜》中所说的《归藏》。同为卜筮之书，周代的《周易》是首乾次坤，而商代的《归藏》则是首坤次乾。这相当有代表性地反映了殷人贵阴重母的思想观念，与周代贵阳重父的观念大不相同。

殷商社会文化的"尚母意识"及女性社会地位的崇高导致殷商女性在审美上极力张扬一种主体性的品格。她自然奔放，像山间潺潺流淌的溪水，流露出一种心明澄静、不饰铅华的美感。这一点我们可以从《诗经》国风中的"卫风"、"邶风"、"鄘风"中的爱情诗看出一点端倪。卫、邶、鄘作为春秋时期殷商旧地，其爱情诗中的女性显得开放大胆，决然不同于原来不属于殷商文化圈的秦晋之女性。关于此，《汉书·地理志下》记载说：

> 河内本殷之旧都，周既灭殷，分其畿内为三国，《诗·风》邶、鄘、卫国是也。邶，以封纣子武庚；鄘，管叔尹之；卫，蔡叔尹之：以临殷民，谓之三监。故《书序》曰"武王崩，三监畔"，周公诛之，尽以其地封弟康叔，号曰孟侯，以夹辅周室；迁邶、鄘之民于洛邑，故邶、鄘、卫三国之诗相与同风。

当然，对于卫地之诗，朱熹曾在《诗集传》卷四中评曰："然以诗考之，卫诗三十有九，而淫奔之诗才四之一，郑诗二十有一，而淫奔之诗已不翅七之五。"孔子更视郑卫之风为"淫诗"。虽然从正统的眼光看，"卫风"、"邶风"、"鄘风"具有淫诗之嫌，但却也从侧面反映了作为殷商旧地的女性自然质朴的审美情感，反映了殷商时期女性审美健康热情的特点。

从甲骨文、金文的有关记载看来，在审美上，殷商女性在一定程度上继承了史前女性审美的特质，健康自信、乐观昂扬，不以绮丽柔靡为美。

第一，以强悍为美的审美理想。商代妇女不像后世女性那样拘守家庭，而是骁勇善战，能驰骋疆场。从这里我们可以看出当时女性强烈的尚武精神以及她们粗犷、古朴而略带几分野性的美。这一点在古代典籍中都有记载。

如在商朝时，妇好作为商王武丁的妻子，她不仅没有困守家中安享荣华富贵，而且作为一个勇猛的将领，带兵南征北战，替武丁抵御了不少当时土方、羌方、巴方等方国的武力侵袭。如《甲骨文合集》6412 的一条卜辞中记载："辛巳卜，争贞：今口王共人，呼妇好伐土方。"卜辞的大意是：辛巳这天占卜，贞人争问，今天王征集兵士，命令妇好带兵征伐土方，神灵会保佑吗?

《甲骨文合集》7238 记载："甲申卜，贞：呼妇好先共人于庞。"大意为，甲申这天占卜，有个叫㱿的卜官问道：叫妇好先到庞地去征集兵员吗?

《英国所藏甲骨集》150 记载："辛巳卜……贞：登妇好三千，登旅万，呼伐……"这次战事，召集了包括妇好人马在内的共 13000 人马，去大肆征伐羌方。

其他的卜辞还有"呼妇妌伐龙方"等。

由此可以想象，妇好作为一个女性将领，她是如何的英姿飒爽、威武刚猛。商代的妇女不仅能带兵作战，而且能驻守边防。如甲骨卜辞中的："王占曰：有祟！其有来艰，迄至九日辛卯，允有来艰自北，出又妻笠告曰……"即出又的妻子笠可以单独向商王报告敌情。

女性与战争的紧密关系反映了殷商时期社会对女性的达观态度，反映了人们对女性美的认知尚没有受到封建礼教的濡染，这与后世人们对女性的审美态度决然不同。

第二，弘扬不受屈辱、不受压抑的健康美。商代妇女可以充任地方长官，向商王交纳贡物。这说明至少在商朝时期，女性还拥有一定的政治地位和生产资料的支配权。如甲骨卜辞中有："妇井示七屯，宾"、"妇笠于五屯，小帚又"等。

商代妇女可以领有田地，负责该地区农业生产。如甲骨卜辞中的："妇妌黍受年"、"贞，呼妇妌田于"等。妇妌作为武丁的另外一个妻子，她不同于妇好是专门掌管军事，而是专管农业。因此在卜辞中，我们可以屡屡看到关于妇妌在农业方面的记载。

商代妇女可以参与祭祀。并且，商代妇女死后还可以同男性一样受到祭祀。如甲骨卜辞中有："贞，中一于妇，小羊，十二月"、"岁于示于丁于母庚于妇"等。

商朝妇女还可拥有自己的私名。在商朝，女性的称谓既可以像男性一样被称为"子某"，也可以被称为"女某"，正像曹兆兰女士提出的那样，"女"字可以涵盖女性的一生，仅是一个性别区分符号。女性还可以拥有自己的私名，说明当时重男轻女尚未形成风气，不似后来女性那样完全从属男性①。此外，与周及周代以后嫡子制、即父死后由长子继承的制度不同，殷商社会是兄终弟及制。自汤灭夏至纣亡于周，共传17代，计三十一王。这种兄终弟及制反映了母亲在社会上仍享有相当地位和作用。如金景芳先生所说："亲亲（即兄终弟及制）是重母，反映还存在母权制的残余；尊尊（即嫡子制）是重父，反映父权制已完全确立。"②

由以上描述，我们可以看出商朝女性社会地位之高。由母系氏族社会的文化遗存所决定的商朝女性的这种主体地位，使女性最终没有完全局限于男性所构筑的文化框架，而是得以从里面逃逸出来进行自由的呼吸，她们更加自信，更加张扬蓬勃的生命力，从而突出人原本就存在的原欲精神。

二　甲骨文"美"的解说与女性作为美之象征

在新石器时代晚期，我们已经得知女性开始更多地与美联系在一起，但这种联系还是比较随意的，还不是一种成熟的审美意识的表达。但到了殷商时期，女性就已经开始在文化学的意义上成为美的象

① 曹兆兰：《金文与殷周女性文化》，北京大学出版社2005年版，第3页。
② 艾畦：《殷商文化对老子思想的影响》，《殷都学刊》1997年第11期。

征，这可以从甲骨文中的字体释义看出。

先从甲骨文中的“美”字说起。对“美”，许慎根据甲骨文字体，有“羊大为美”说。他认为美最初来源于人们对美妙的味觉的感知。日本学者笠原仲二在《古代中国人的美意识》一书中，也把中国人最早的美意识说成从味觉开始的，他说：“归根到底中国人最原初的美意识是起源于‘甘’这样的味觉感受性。”

再后来的萧兵，却把审美同巫术图腾联系起来，认为审美最初是不独立的，而是巫术崇拜的附丽。

马叙伦先生却独树一帜，认为“羊大为美”为附会之说，提出了“美源于色”的观点。他认为，“美”字中的“羊”，只表读音，不表意义，“美从芊得声”。“美”，从“大”，不从“羊”。“美”，也就是“媄”，“媄，色好也……从女，微声”，为“色好”、“美丽”之意。马叙伦在《说文解字六书疏证》中关于美字含义的阐释，说明中国人原初的审美意识，起源于“色”，也就是对女人美丽的感受。

对于马叙伦的观点，我们持肯定的态度。因为对“美色”的感知，是人的本能所致。孔子就曾有过“吾未见好德如好色者也”的说法。说明对“色”，即对女人美色的感知是人与生俱来的本能，是人一种先验的审美判断能力，它不是人后天的道德实践行为所致。作为一种柏拉图、康德所说的天生而具有的审美能力，一种先验性存在，审美能力或者通过人的灵魂在后天对美的回忆而获得，或者是人一出生就拥有的某种神秘能力。

柏拉图、康德关于人类审美能力的认知无疑是深刻的，它从一开始就指认出审美能力的先天图式，否认它后天的实践经验模式，虽然带有神秘难测的色彩，但在学理上自有其真理性。人的审美能力既然是先天的，不必经过后天人为的实践活动，所以，当人刚刚走出混沌蒙昧状态，面对这个环绕在他自身周遭的陌生环境时，他不仅会从大自然中获得美的愉悦，而且当他反观人类自身时，特别是当他以惊奇的目光来观望站立在他身边的异性时，他感受到的决然不仅仅是一种性的吸引，更有来自对异性身体审美形式的感知。所以，当人类企图对美有所沉思时，大自然和异性几乎是同时跃入他新鲜的审美视界。正是站在这样的立场，我们才有理由对马叙伦关于美的观点有所认同。

中国人关于美的认知几乎都是建立在与人的关系思考之上，从哲学的角度讲，这不是客体本体论，而是一种关系本体论。这一点和早期西方美学不同。因为西方早期美学把对美的理解更多地建立在一种对客观绝对的理念认知之上，认为现实世界美的现象只是对一种超然独立的美的理念的分享，美与人无关，美不是建构在人的感知基础之上，而是一种独立自为的存在，人只有通过对一种先验的美的理念的灵魂回忆才能体验到美。而中国美学却不是这样，它时时刻刻建立在与人的关系体认之中，主体性意味比较浓厚。

人的身体成为审美感知的对象，成为人类审美最重要的源泉，无论是从经验层面还是从学理层面，都是站得住脚的。在《偶像的黄昏》一文中，尼采如此表达自己关于美的理解。他说："没有什么比我们对美的感觉更有条件，毋宁说更受限制的了。如果试图离开人对人的愉悦去思考美，就会立刻失去根据和立足点。'自在之美'纯粹是一句空话，不是一个概念。在美之中，人把自身树为完美的尺度；在精选的场合，他在美之中崇拜自己。一个物种舍此便不能自我可定。"① 在这里，尼采摒弃了人对自然物美的属性的盲目崇拜，认为人必须建立起对自我的信心；并认为美其实就蕴藏在人自身内部，任何离开对人的感知，美就失去了它原始的本真意义。由此，尼采把西方现代美学建立在了对人的认知之上，而不是把目光转向自身的外部——上帝或自然。他高声宣扬："没有什么是美的，只有人是美的；在这一简单的真理上建立了全部美学，它是美学的第一真理。"② 尼采的美学理念无疑具有现代价值的内涵，开创了西方现代美学的先声。从此，美的主体性观念便开始闪烁出它耀人的光华。尼采的美学

---

① ［德］尼采：《尼采生存哲学》，杨恒达译，九州出版社 2003 年版，第 97 页。

② 同上。

理念无疑对我们具有很大的启发，它使我们开始把美的理念建立在人自身之上而不是自然物之上。按唯物史观的理解，人与自然的关系也首先表现为人与人的关系，而人和人之间最直接、自然、必然的关系就是男女之间的关系。

女性成为人们审美关注的中心，体现在甲骨文中，就是女性往往是美的象征。当然，女性成为美的象征，是男性文化积极参与的结果。因为尽管在殷商时期，女性的社会地位相对比较高，但仍然不可避免地衰落了，所以表现在对人本身进行审美时，女性就成了美的理念的外在感性显现。

如“好”字，徐中舒在《甲骨文字典》中训曰：“从女从子，与《说文》好字篆文形同。《说文》：‘好，美也，从女子’。按训美乃后起义。甲骨文好为女性，即商人子姓之本字。”段玉裁注《说文》也说：“好，本谓女子，引申为凡美之称。”根据段玉裁的释义，我们知道“好”的始源意义是作为商朝子姓的本字的，至于其“美好”的意义则是被引申的结果。但无论是“好”的本义还是引申义，无疑都具有一种正面指涉意义。“好”字本义在时间维度上的衍变，越来越具有一种正面价值判断的意味。在一定意义上说，“好”的内涵，虽然比美更具有一种宽泛性，但也包含了美字即是好，女性为美好的象征。即使是那些性别符号的指称，依然有很多跟女性有关的字表征了一种美的含义。如“每”字，在今天我们已经看不到它跟美的任何内在关系，但在甲骨文中，“每”字写做，从字型结构上看，这显然是经过修饰的女性形象，为美字的异文。其他与美字相类似的字还有妾（）、姬（）等，都是和美有关的女性形象。特别是“义”字，在甲骨文中，则是一个象形字（），像兵器上插饰羽毛之状，以表示美丽之意，其造义构思与美字同出一源。

我们再以女字旁的甲骨文做具体分析。徐中舒主编的《甲骨文字典》（四川辞书出版社 1998 年版）中，共收录甲骨文字 1611 个，“女”部字共 115 个，但其中可以识别的女部甲骨文有 44 个。在这些甲骨文中，有表示殷商女性社会地位的字；有表示女性婚姻关系的字；有表示女性美好容貌、举止的字；也有表示女性道德精神美的字。其中涉及女性审美的字根据内容大致可分为三类：

第一类，是对女性整体容貌的描写：

女缶（《广韵》：好色貌）、姼（《说文》：姼，美女也）、好（《说文》：好，美也。从女子）、娥（《说文》：娥，帝尧之女舜妻娥皇字也。秦晋谓好曰女至娥。从女我声）。

第二类，是对女性细部美的描绘：

装饰美：妆（《说文》：妆，饰也）；

身材美：妍（弱长貌）；

眉目美：媚（《说文》：媚，说也。从女，眉声）；

第三类，是对女性德性美的描写：

娴静美：姘（《说文》：姘，静也）；

恭谨美：姬（《集韵》：姬，慎也）。

由此，我们可以看到，殷商时期人们把美这样一种具有价值判断属性的东西与性别联系在了一起，与人体的外在形式美、德性美联系在一起。并且，更重要的是，人们把美的观念更多地建构在了对女性的认知上，对女性的理解上。殷商时期，由于男性的字型结构“从力从田”，成为功利性的象征存在；与女性相关的甲骨文则被赋予了美好的含义，女性成为了美的象征。

不过与史前女性审美相比，殷商时期的女性审美不是一种纯粹的形式主义审美，她们不仅对自我形体有所关注，而且更重要的是，对自我道德价值也开始进行美学上的审视，并且把它视为美的重要元素。这一点与史前女性相比，无疑是不同的。史前时期的女性审美，虽然亦有实用主义的色彩，但道德意味较弱，更多为形式主义审美的要素。到了殷商时期，女性审美开始具有道德色彩，女性审美不再是一种纯粹孤立无缘的美学事件，更是道德价值开始在美学领域渗透。

并且，这种道德审美开始具有内敛式的气质。它的审美视点不再像史前时期那样一味向外拓展，而是开始向内延伸，尽管这只是初步的。所以甲骨文中开始有表现女性娴静美、贞洁美、柔顺美、恭谨美的文字出现。

殷商时期，尽管从审美关系上说，女性更多的是男性的审美对象，不过，这种审美对象本身并不是一种消极的存在，女性还具有一定的主体性；与男性之间，尚不是一种紧张对峙的审美关系，而更多地具有一种亲密性。正是如此，在以女性为表征的美的文字之上，我们看到女性更多地被赋予了正面价值判断的属性。

当然，从甲骨文透露的消息看，女性不仅和美联系在一起，而且也开始和邪恶联系在一起。这一点与史前女性审美相比，也是决然不同的。

在徐中舒《甲骨文字典》中，带有鄙视、贬斥意义的女部字也是有的。举例来讲：

婪（《说文》：婪，贪也）；

女女（《说文》：女女，讼也）；

女自（《集韵》：女自，妒也）……

这些字都是一些贬斥、侮辱女性贪婪懒惰、嫉妒成性、口舌是非多的字。而如“嫔”、“女”（像屈膝交手之人形）、“如”（《说文》：如，从随也）、“妇”（《说文》：妇，服也。从女持帚，洒扫也）、“婢”（《说文》：婢，女之卑者也）、“妥”（《尔雅》：妥、安、按、止也）、“委”（《说文》：委，随也。从女从禾）、“娶”（《说文》：娶，取妇也。从女从取，取亦声）、“妻”（上古掠夺婚姻之反映）等字，则从一个侧面说明了殷商时期女性社会地位的衰落，并也从一个方面反映了人们对女性审美观念的微妙变化。

作为一种道德观念的反映，甲骨文表现了殷商时期人们对女性复杂的审美观念，善与恶的交织，美与丑的并存。总之，在审美观念上，女性开始由史前时期的单纯走向复杂。

第三节 周代的女性审美

周代，随着礼乐文化的兴起，殷商时期巫术文化的神性色彩逐渐剥落，人文性质逐渐加强，特别是西周经过周公“制礼作乐”之后，周代文化更发生了极大的变迁。从此以后，中国古代思想世界中的神秘意味逐渐淡化，道德色彩逐渐凸显，过去完全由上帝掌控的世界开始由人自身来把握。

特别到了春秋时期，西周时期的礼乐文化性质发生了极大转型——形式化的仪典文明开始转变为理性化的政治思考和道德思考，神本主义观念明显衰落，理性和人本两大思潮兀然崛起。文化思潮的有力转变无形之中悄然构筑起春秋时期主导性的审美文化精神，即重理性和人本主义的文化精神。特别是孔子为代表的儒家文化在审美问题上，相对持一种道德审美、政教审美的观点。孔子的“里仁为美”、孟子的“充实为美”，以及荀子的“不全不粹不为美”等观点，其实都是对道德审美的一种强调。并且，孔子强调的“克己复礼”、“孝悌”之道，以及“男女有别”，对周代女性审美产生了重要影响。对“德”的强调，就必然使女性在进行审美时，必须进行道德的思考，所以周代女性审美同时也是一种道德审美；而儒家文化对理性的强调，也使周代女性审美不会过于肆荡其志，从而保持一种中和之美的特质；对礼的重视却使周代女性在审美上比较注意温恭谦让的礼仪之美。

道家文化的强调虚无静柔，则直接影响和促进了周代女性虚静美的产生。

周代是中国女性审美史上一个非常重要的历史时期，因为正是在这个特殊的历史时期，中国女性审美才真正地走向了成熟，不仅产生了重要的审美观念，而且对后世的影响也非常深远，基本上代表了先秦女性审美的观念、风尚及价值。

那么，就发展进程而言，周代女性审美又走过了一条什么样的道路呢?

一 西周、春秋时期：女性审美主体的自由张扬

西周时期，主要的文化形式是一种礼乐文化，“国之大事，在祀

与戎”。表现在政治体制上，实行的是一种“德主刑辅”的道德政治；表现在文化观念上，采用的是一种伦理宗教型的礼仪文化体系，这种文化重视德、礼和天。

同时，由于西周距上古未远，仍然保留了很多母系氏族时期的文化特征。关于这一点，我们可以在《白虎通》中得到一点线索。根据班固的记载，东汉章帝建初四年（公元79年），博士及诸儒于白虎观辩论五经异同，在论及亲族制度时就曾提出对于三代尤其周代“兴礼母族妻党”的母系制度的看法。“周承二弊之后，民人皆厚于末，故兴礼母族妻党，废礼母族父之党。”这里，“故兴礼母族妻党，废礼母族父之党”之制，据杨稀枚的观点，“显然的，正是母系氏族社会从母方认定亲族的母系世袭制。而且，周王朝既是‘承二代之弊’，则夏殷两代也应是较周王朝色彩尤为浓重的母系姓族”①。可见直至周代，虽然已经进入典型的父权制社会，但仍然保留了大量的母系色彩浓重的原始社会遗存。

西周、春秋时期的这种文化特点对先秦女性审美产生了难以估量的影响，也构成了西周、春秋时期女性审美的重要思想前提。尽管在周代礼制文化已经建立，但由于尚处于不成熟阶段，所以它对人们的社会制约力还不是很强。在这种情况下，女性的社会地位虽然已经开始大幅下降，但毕竟在精神上还具有一定的独立性，在审美上具有相当的自由度。就审美关系而言，周代女性既是审美的主体又是审美的客体，她和男性之间是一种主体间性的亲密关系。

第一，表现在审美活动中，周代女性不仅可以成为男性凝视的审美对象，男性同样也可以成为女性审美的对象。比如《诗经·邶风·简兮》就是一首女性审美视野下关于男性的颂歌。

> 简兮简兮，方将万舞。日之方中，在前上处，硕人俣俣，公庭万舞。有力如虎，执辔如组。左手执籥，右手秉翟。赫如渥

---

① 杨稀枚：《论先秦所谓姓及其相关问题》，《中国史研究》1984年第3期。

赭，公言锡爵。山有榛，隰有苓。云谁之思？西方美人。彼美人兮，西方人兮。

这是描写在卫国公庭举行的“万舞”大会上，一位身材魁梧、力大如虎的舞师以他高超的技艺、魁硕的身材引起了台下一位贵族女子的爱慕。在这里，使这个贵族女性心旌摇荡的不仅仅是这位舞师娴熟的技巧，更是他那健硕挺拔的体格，如诗中所说的“简兮简兮”、“硕人俣俣”、“有力如虎”等都是对这位舞师的形象描绘。

再如《郑风·叔有田》曰：

叔于田，巷无居人。岂无居人？不如叔也，洵美且仁。叔于狩，巷无饮酒。岂无饮酒？不如叔也，洵美且好。叔适野，巷无服马。岂无服马？不如叔也，洵美且武。

在这首诗中，姑娘爱上的青年是个儒雅倜傥、仁和爱惠，而又孔武有力的猎人。他既有美好的品德，“洵美且仁”，又有勇毅的男子气概，“洵美且武”。

《诗经·魏风·汾沮洳》也是一篇女子赞美男子的诗篇。

彼汾沮洳，言采其莫。彼其之子，美无度。美无度，殊异乎公路。彼汾一方，言采其桑。彼其之子，美如英。美如英，殊异乎公行。彼汾一曲，言采其荬。彼其之子，美如玉。美如玉，殊异乎公族。

这首诗共分三章。第一章总写男子无与伦比的美，第二章写男性华美如英的美貌，第三章则写男子温润如玉的美德。正是这样一个“美无度，殊异乎公路”、“美如英，殊异乎公行”、“美如玉，殊异乎公族”的男性，赢得了女子的爱情。

从这三首诗中，我们可以看到西周、春秋时期，女性审美视野中的男性形象刚健有力，温和慈惠，充满了生命原始的活力，显然是一个未被文化过度濡染的男性形象，从而与后来儒家塑造的周旋有度、进退有节的谦谦君子有着一定的差异。我们且看儒家心目中的士人形象：

士不偏不党，柔而坚，虚而实。其状朖然不儇，若失其一。傲小物而志属于大，似无勇而为可恐狼，执固横敢而不可辱害，临患处难而处义不越，南面称寡而不以侈大，今日军民而欲服海外，节物甚高而细利弗赖，耳目遗俗而可与定世，富贵弗就而贫贱弗去，德行尊理而羞用巧卫，宽裕不訾而中心甚厉，难动以物而必不妄折。此国士之容也。（《吕氏春秋·士容论》）

由此看来，西周、春秋时期的男性在某种程度上依然保持了自身的人性特质，他们身上的情感以及刚健气质似乎还未被文化的力量完全吞噬。虽然这只是女性眼中的男性形象，但也从侧面说明了春秋时期女性审美的健康——她们对男性的审美还没有被善的物质功利性所淹没。从这个意义上说，西周、春秋时期的女性审美活动依然是比较自由的。

第二，表现在审美形态上，西周、春秋时期，无论男性还是女性基本上都是以硕大为美。这一方面固然跟当时“以大为美”的社会思潮分不开，另一方面，由于西周、春秋时期距离母系氏族时期未远，在女性审美问题上，出于生产生殖目的的需要，人们把“硕大”作为无论是男性审美还是女性审美的一个基本审美准则。在女性美问题上，人们还没有把纤弱、萎靡，充满了多愁善感的女性作为审美的典范，而是把天然自在、高大健硕作为最理想的女性美。例如《诗经·陈风·泽陂》描写一个青年男子爱上了一个丰硕健壮的女子：

彼泽之陂，有蒲与荷，有美一人，伤之如何？寤寐无为，涕泗滂沱。彼泽之陂，有蒲与蕑，有美一人，寤寐无为。中心悁悄。彼泽之陂，有蒲菡萏。有美一人，硕大且俨。寤寐无为，辗转伏枕。

在这里，让男性辗转伏枕、寤寐无为的，是一个“硕大且俨”的女子，而不是一个体态纤弱、扶风无力的妩媚女子。

同样的，《硕人》在描写庄姜的美貌时，也用了“硕人其颀”、“硕人敖敖”、“庶姜孽孽”等词语。

硕人其颀，衣锦褧衣。齐侯之子，卫侯之妻。东宫之妹，邢侯之姨，谭公维私。手如柔荑，肤如凝脂，领如蝤蛴，齿如瓠犀，螓首蛾眉，巧笑倩兮，美目盼兮。硕人敖敖，说于农郊。四牡有骄，朱幩镳镳。翟茀以朝。大夫夙退，无使君劳。河水洋洋，北流活活。施罛濊濊，鳣鲔发发。葭菼揭揭，庶姜孽孽，庶士有朅。

“硕、颀”、“敖敖”、“孽孽”都有高大的意思。

《车舝》、《椒聊》等诗篇，在描写女性时也同样用了“辰彼硕女”，“硕大无朋”等表示身体健硕的词汇。

如《唐风·椒聊》曰：

椒聊之实，蕃衍盈升。彼其之子，硕大无朋。椒聊且，远条且。椒聊之实，蕃衍盈掬。彼其之子，硕大且笃。椒聊且，远条且。

这首诗以椒聊起兴，主要取其果实繁多、繁衍盈升之意，从而象征女子也有很强的生命力和生殖力，而花椒枝条远挺，也喻示女子身材的高大健硕，并能使子孙繁衍无限。把“硕大无朋”、“硕大且笃”的女子作为家庭兴旺繁盛的象征，显然硕大之女子被赋予了美好的意义。

第三，表现在审美风格上，西周、春秋时期的女性普遍崇尚一种趋向阳刚气质的美。在《诗经》中，女性普遍呈现出一种质朴自然、明朗刚健的美。比如《诗经·召南·摽有梅》。

摽有梅，其实七兮。求我庶士，迨其吉兮。摽有梅，其实三兮。求我庶士，迨其今兮。摽有梅，顷筐塈之。求我庶士，迨其谓之。

这是一首女子求偶的情歌。诗歌以梅起兴，直率真切地表达了自我急切渴求爱情的心理。女子直抒胸臆，没有丝毫的婉曲。

《王风·采葛》也描写了一位女子炽烈地爱上一位青年时内心焦灼不安的心情。

彼采葛兮，一日不见，如三月兮。彼采萧兮，一日不见，如三秋兮。彼采艾兮，一日不见，如三岁兮。

《郑风·溱洧》则以率真的笔触描写一位女性在爱情面前热情主动的情态。

溱与洧，方涣涣兮。士与女，方秉蕑兮。女曰“观乎?”士曰“既且，且往观乎？洧之外，洵訏且乐。”维士与女，伊其将谑，赠之以勺药。

所以，春秋时期的女性在审美风格上，热情主动，质朴自然，丝毫没有后世女性的委婉含蓄、哀伤多愁。即使是思妇、怨妇，也没有表现出一种幽幽怨艾之气，而是显得刚强自立，充满了反抗精神。如《卫风·氓》中，这位女子“三岁为妇，靡室劳矣；夙兴夜寐，靡有朝矣”，然而当“桑之落矣，其黄而陨”，即当她华颜已失，青春像桑叶陨落时，丈夫却“二三其德”，然而女子并没自怨自艾，一味地沉浸在悲哀之中。在内心之中，对生活，她吹响了反抗的号角。

二 战国时期：女性审美客体地位的彻底确立

战国时期，由于社会文化情境的转变，父权文化的加强，女性社会地位进一步衰落。表现在男女两性的审美关系中，女性已经彻底转变为男性的审美对象。

战国时期，“美善相乐”作为一种审美原则，已经开始普遍开来。具体到女性审美问题上，女性不仅和外在的形态美联系在一起，而且和道德意念上的完美联系在一起。相对于女性，男性则开始和美保持一种距离。战国时期，人们虽然也对男性持一种审美观照，但男性主要和功名利禄联系在一起。审美思想的这种历史变迁，使男性在凝视女性时，几乎完全采取一种审美的态度；而女性在观望男性时，则几乎完全采取一种功利的态度。审美的无利害性是男性对女性进行审美的一个根本逻辑起点；而审美的功利性则是女性对男性审美时采取的根本态度。由此，战国时期，美开始具有了严格的性别身份。

总体看来，战国时期的女性审美表现出这样的特点：

第一，女性成为了男性审美视野中一种纯粹的审美对象。无论在屈原的《离骚》中，还是在宋玉的《神女赋》和《高唐赋》中，女性都脱离了她们的俗世色彩，失却了功利观念的投射，而具有一种纯粹优美的性质。以屈原的《山鬼》为例，

> 若有人兮山之阿，被薜兮带女萝；既含睇兮又宜笑，子慕予兮善窈窕；乘赤豹兮从文狸，辛夷车兮结桂旗；被石兰兮带杜衡，折芬馨兮遗所思。……雷填填兮雨冥冥，猿啾啾兮穴夜鸣；风飒飒兮木萧萧，思公子兮徒离忧。

诗中的山鬼妖娆妩媚，风姿绰约，既具有凄迷动人的风情，又具有幽远哀愁的气质，仿佛远离了人们的烦嚣，萧然独处。诗人没有对她的道德予以关注，只是对她的形态美、精神美做一种静态的审美关

注。再以宋玉的《神女赋》为例：

茂矣美矣，诸好备矣。盛矣丽矣，难测究矣。上古既无，世所未见，瑰姿玮态，不可胜赞。其始来也，耀乎若白日初出照屋梁；其少进也？皎若明月舒其光。须臾之间，美貌横生：晔兮如华，温乎如莹。五色并驰，不可殚形。详而视之，夺人目精。其盛饰也，则罗纨绮缋盛文章，极服妙采照四方。振绣衣，披裳，不短，纤不长，步裔裔兮曜殿堂，婉若游龙乘云翔。披服，脱薄装，沐兰泽，含若芳。性合适，宜侍旁，顺序卑，调心肠。……夫何神女之姣丽兮，含阴阳之渥饰。披华藻之可好兮，若翡翠之奋翼。其象无双，其美无极；毛嫱鄣袂，不足程式；西施掩面，比之无色。近之既妖，远之有望，骨法多奇，应君之相，视之盈目，孰者克尚。私心独悦，乐之无量；交希恩疏，不可尽畅。他人莫睹，王览其状。其状峨峨，何可极言。貌丰盈以庄姝兮，苞湿润之玉颜。眸子炯其精郎兮，多美而可视。眉联娟以蛾扬兮，朱唇的其若丹。素质干之实兮，志解泰而体闲。既于幽静兮，又婆娑乎人间。宜高殿以广意兮，翼故纵而绰宽。动雾以徐步兮，拂声之珊珊。望余帷而延视兮，若流波之将澜。奋长袖以正衽兮，立踯而不安。澹清静其兮，性沉详而不烦。时容与以微动兮，志未可乎得原。意似近而既远兮，若将来而复旋。褰余而请御兮，愿尽心之。怀贞亮之清兮，卒与我兮相难。陈嘉辞而云对兮，吐芬芳其若兰。精交接以来往兮，心凯康以乐欢。神独亨而未结兮，魂茕茕以无端。含然诺其不分兮，扬音而哀叹！薄怒以自持兮，曾不可乎犯干。

诗人眼中的高唐神女资质曼妙，美貌横生，她“晔兮如华，温乎如莹”，“貌丰盈以庄姝兮，苞湿润之玉颜。眸子炯其精郎兮，多美而可视。眉联娟以蛾扬兮，朱唇的其若丹。素质干之实兮，志解泰而体闲”，已经纯然和《诗经》时代德色兼备的美女形象迥然有别。

第二，女性审美以小腰秀颈为美。战国时期，由于社会文化的发展，对女性审美来说，生殖力已经不是首要的考虑因素，将女性身体视为生育的工具，“女性＝母亲”的社会思想已经弱化，对女性自身的美学关注开始日益上升为主题。表现在美学上，人们一扫《诗经》时代女性“硕大为美”的审美观念，转而欣赏一种瘦弱苗条的女性美。对苗条的热衷，在美学上一方面反映出女性想从生殖工具的传统命运中解脱出来，以审美的眼光指认自身，另一方面也反映了女性审美地位的衰落以及男性审美理想对女性审美观念的塑造。

在《楚辞·大招》中，我们看到的战国美女和西周、春秋时期相比已经发生了很大变异，不仅没有对美好德行的描写，而且已经完全不是“硕人其颀”，身材高大的美人，而是“小腰细颈、若鲜卑只”的女性。她“朱唇皓齿，嫭以姱只。……丰肉微骨，调以娱只”，“姱修滂浩，丽以佳只。曾颊倚耳，曲眉规只。滂心绰态，姣丽施只。小腰秀颈，若鲜卑只”，“青色直眉，美目媔只。靥辅奇牙，宜笑嗎只。丰肉微骨，体便娟只”。这个“丰肉微骨、小腰细颈、体便娟只”的女子，纤弱温柔、风姿秀雅，体态缱绻、婀娜多姿，以阴柔美取胜，更以小腰细颈为美。在《云中君》、《少司命》中，女性的美同样呈现出这样一种飘逸柔弱的气质。

而以细腰为美，这在宋玉的《登徒子好色赋》中也有体现。宋玉在描写东家之子之美时写道：

> 东家之子，增之一分则太长，减之一分则太短；著粉则太白，施朱则太赤。眉如翠羽，肌如白雪，腰如束素，齿如含贝。

东家之子之美倾城倾国，其中一个重要因素就是她“腰如束素”，像捆束起来的白色绢帛，柔软而纤细，具有动人的风姿。

屈原赋和宋玉赋都出现于战国后期，说明了战国时期女性的审美观念已经由春秋时期的崇尚“丰硕”发展到了“纤弱”为美。

第三，女性在对男性进行审美时，她们更多的是赋予其一层道德功利色彩。在审视男性时，不再仅仅注重其外貌、道德、情感意志，而是更加重视男性的功名成就，并以此作为女性审视男性的一个基本准则。

典型的例子如苏秦的妻子和嫂子，在苏秦失意之时，她们对其冷嘲热讽，施予种种冷遇，典型地表现出一种功利主义的态度，充分说明了战国时期女性对男性审美观念的一种变迁，即由西周、春秋时期的“重貌”向战国时期的“重德”变迁；由西周、春秋时期的“重仁”向战国时期的“重义”变迁；由西周、春秋时期的“重情”向战国时期的“重利”变迁，充分体现出战国时期人们注重实用主义的功利思想。

当然，这种审美思想的变迁与战国时期的文化氛围有着密切关系。因为到了战国时代，社会开始由西周、春秋时期的重“仁德”向重“礼法”逐渐转变，以荀、墨、韩非为代表的实用主义思潮随着“礼崩乐坏”在社会上大肆泛滥。表现在义利观上，人们由西周、春秋时期的重义轻利发展到战国时期的义利兼举，这种社会状况势必会对战国时期的女性审美产生深刻影响，使女性在对男性审美时更重视其功利价值。

第四，在男性的审美观照中，女性形象开始发生裂变。从战国时代开始，在艺术作品中，女人形象开始发生裂变：女仙和女妖形象开始出现。比如，到了战国时期，原来神话传说中“蓬发戴胜”、狰狞恐怖的西王母开始羽变为美丽多情、雍容和平的女仙了。据传写于战国时期魏国史官（也有人认为是晋人的伪书）的《穆天子传》记曰：

> 吉日甲子，天子宾于西王母，乃执白圭玄璧以见西王母，好献锦组百纯，口组三百纯，西王母再拜受之。
>
> 口乙丑，天子觞西王母瑶池之上。西王母为天子谣曰：“白云在天，山陵自出。道里悠远，山川间之，将子无死，尚复能来。”天子答曰：“予归东土，和治诸夏。万民平均，吾顾见汝。比及三年将复而野。”西王母又为天子吟曰：“徂彼西土，爰居其

所。虎豹为群，於（乌）鹊与处。嘉名不迁，我惟帝女。彼何世民，又将去子。吹笙鼓簧，中心翔之。世民之子！唯天之望。”天于遂驱升于弇山，乃记名迹于弇山石而树之槐，眉曰西王母山。

庄子在《大宗师》中把西王母也描绘成一个逍遥世外的得道者。“夫道，有情有信，无为无形。……西王母得之，坐乎力广，莫知其死，莫知其终。”西王母在战国时代的这种仙化说明了当时的神仙方术学说对女性审美的深刻影响。

此外，在战国时期著名的女仙还有嫦娥。《淮南子·览冥训》曰：“羿请不死之药于西王母，娥窃以奔月。”《文选》卷六十《祭颜光禄文》注引《归藏》曰：“嫦娥以西王母不死之药服之，遂奔月为月精。”此事《山海经》与屈原的《天问》也均有记载，可证此事在战国与两汉时期流传颇广。

战国时代记载在典籍中的女仙还有《庄子》及《列子》书中的列姑射山女仙。

列姑射山在海河洲中，山上有神人焉，吸风饮露，不食五谷；心如渊泉，形如处女；不偎不爱，先圣为之臣；不畏不怒，愿悫为之使。……（《列子·杨朱篇》）

宋玉笔下的神女形象，更是“晔兮如华，温乎如莹。五色并驰，不可殚形”，“貌丰盈以庄姝兮，苞湿润之玉颜。眸子炯其精郎兮，多美而可视。眉联娟以蛾扬兮，朱唇的其若丹。素质干之实兮，志解泰而体闲。既于幽静兮，又婆娑乎人间”。风骚绰约，完全是一个没有俗世色彩而又性感的女仙形象。

女性除嬗变为男性眼中的女神、女仙这些不真实的形象外，到战国时期，随着女性社会地位的进一步衰落，女性自身开始被男性妖魔化。末喜、妲己、褒姒等女性，在战国时期已经开始被视为祸国之水、女妖。《荀子·解蔽》云："桀蔽于末喜、斯观而不知关龙逢，以惑其心而乱其行；纣蔽于妲己、飞廉而不知微子启，以惑其心而乱其行。"汉代刘向的《列女传·夏桀末喜传》亦云："桀既弃礼义，淫于妇人，求美女积之于后宫，收倡优、侏儒、狎徒能为奇伟戏者，聚之于旁。造烂漫之乐，日夜与妺喜及宫女饮酒，无有休时。置妺喜于膝上，听用其言。"女妖形象的出现，说明战国时代女性社会地位的极度衰微，也说明在审美关系中，女性作为被男性凝视的一极，开始蜕化为一个虚无空洞的能指符号。

就审美领域而言，在周代，特别是到了战国时期，随着社会文化空间的性别区分，——男人完全占有社会公共领域，女性进一步占有私人领域（家庭），女性和男性的关系也仅仅剩下了两种简单的关系：生物层面上的性关系和审美层面上的审美关系。女性在审美关系中的这种奴役地位在本质上说明了男性文化的奴役性质。关于此，李小江讲道："强化女性的客体性质在历史上最见成效的手段就是审美。在审美活动中将女性对象为'美人'，这样一来，男女之间主奴对应的社会地位，就在审美主体（男人）和观照对象（女人）的相互补充中达到和谐。"① 社会文化空间的性别划分，使战国时期的女性审美活动主要在两个方向上展开：一是女性与自然合一，神与物游；二是女性自恋式的自我审美观照，通过镜像反观自我。女性这两种比较有限的审美活动在某种程度上满足了女性自然的审美需要。就前者而言，典型地体现在屈原《离骚》的诗歌创作中。在《离骚》中，屈原往往直接把香草比喻为美人。把女性等同于自然的看法无意识中透露出战国时代的文化思想和审美理念。——男性等同于文明，女性等同于自然。而女性自我审美的典型例证，就是出土的战国时期的很多女性墓葬中发现了很多的镜奁装饰物。女性通过镜子来反观自我的美，通过男性来窥视社会。

总体看来，整个周代，从西周、春秋到战国，由于历史文化背景

① 李小江：《女性审美意识探微》，河南人民出版社1989年版，第133页。

的巨大变迁，女性审美地位也不断从审美主体逐渐衍化为审美客体。审美关系中女性客体地位的确立，表现在审美形态上，就是女性由西周、春秋时期的以硕大为美一变而为战国时期的以纤弱为美；表现在审美风格上，由重阳刚美变为重阴柔美；表现在审美价值上，也由西周、春秋时期的功利性审美变为战国时期的纯粹性形式审美。

第二章　先秦女性审美的基本形态

在前一章论述基础上，本章欲对先秦女性审美的基本情形做一静态结构分析。

就人类审美来说，人类在进行审美活动时，往往不是仅仅做一种玄虚的精神思考，获得一种纯粹的精神愉悦，而是往往把自我的审美意识外在地物化为一种审美产品，从而创造出一种鸢飞鱼跃、花鸟玲珑的境界。就先秦女性的审美活动来说，主要有几种外在的审美表现形态：服饰、乐舞、诗歌等。以下，我们试就这几个问题分别展开讨论。

第一节　服饰审美

从表面上看，服饰作为一种物质性存在，由于其特殊的物质属性好像和我们的精神生活没有任何关系，但从根本上讲，服饰作为人类须臾不可缺少的物质存在，对我们不仅意味着一种实用价值，而且作为一种视觉文化，它对我们有着更重要的精神意义。也可以这么说，在服饰中渗透着我们深刻的精神理念，正是服饰使我们的身体社会化，像伊丽莎白·威尔逊所说的那样，将我们的身体从李尔王“可怜的叉状物”转变成文化存在。安妮·霍兰德曾如此深情表达自己对服饰的文化理解：“服饰已不单是简单的质料集成，还是一种抽象的形态表现，一种符号象征，连接具体时代的社会文化、艺术表现与话语系统，它所蕴涵的社会意义早已超越了其本身的物质性。”① 服饰既然作为一种物质文化符号而存在，势必涵摄很多社会文化内涵，反映特定时期固有的时代文化精神。

从理论意义上说，衣服是自我身体的扩展，它们以一种非常直接的方式表现文化，表现文化中占统治地位的审美价值观念（例如，蓝色适合男孩，粉红色适合于女孩——发生在婴儿身上的几乎首要的事情是被颜色编码化和社会性别化）②。所以，衣服作为一种存在，不仅仅是一种毫无意义的物性存在，而且是一个创造意义的场所，具有强烈的社会价值内涵。正如卡伦·色沃曼（Kaia silverman）所说：“服装和其他的装饰品使得人体显现出文化的意义……服装呈现了身体从而使得可以将人体当作文化来看待，服装以一种意义形式将身体的文化意义明确表达出来……着装是形成主体性的一个必要条件……在表达身体的同时也明确地表达着精神。”紧接着，他又分析道：“服装是身体的文化隐喻，它是我们用来将身体的表现‘书写’和‘描画’进文化语境的材料。”③ 这样，作为一个文化隐喻，在衣服的装饰中，便隐秘地蕴藏了这个社会特定的价值体系，蕴藏了这个社会特定的道德规范和审美信念。

更重要的是，作为一种视觉文化，服饰也是一种根本的艺术表现形式，与生活相关，和线条、样式、诗意、性联系在一起。所以，在服饰身上，我们往往能更具体地看到一个社会特定的审美风尚、审美观念。通过衣服的文化编码，我们也可以从一定程度上窥望到生活在这个社会中的女性的审美理念。

这是因为，服饰作为一种文化存在，它与性之间有着密切的关系。服饰自身所具有的一切社会文化意义不仅依赖于性的意义，而

---

① ［美］安妮·霍兰德：《性别与服饰——现代服装的演变》，魏如明等译，东方出版社2000年版，第1页。

② ［英］戴维·莫利：《媒体研究中的消费理论》，见罗钢、王中忱《消费文化读本》，中国社会科学出版社2003年版，第298页。

③ 同上。

且，性在更大的程度上给予形式以力量。按照安妮·霍兰德的观点，服饰在深层意义上说，是一种深层性欲的时髦表达。男性和女性在着装时，必然会有意或者无意识地考虑到异性的审美观，考虑到他们的喜好和厌恶。所以，就这样一种意义而言，男女服装共同显示了人们所希望的两性关系；通过服装，也形成了两性间的某种视觉对话关系①。

所以，通过服饰，通过性别化的物质审美符号形式，我们也必定会瞭望到先秦女性关于美的沉思。

的确，服饰作为表达了一定身体观念、性观念的存在，作为一种有力的审美文化载体，它不仅装饰女性那单薄的身体，而且直接或间接地向我们传达特定时期人们的审美观念。

一　审美意义上先秦女性服饰伦理色彩的确立

远古时期，人们茹毛饮血，而衣皮革。在服装上，人们没有性别差异，更缺少一种文化意蕴和审美要求。《绎史》引《古史考》曰：

> 太古之初，人吮露精，食草木实，穴居野处。山居则食鸟兽，衣其羽毛，饮血茹毛，近水则食鱼鳖螺蛤，未有火化……

《礼记·礼运篇》亦曰：

> 昔者，先王未有宫室，冬则居营窟。未有火化，食草木之实、鸟兽之肉，饮其血，茹其毛。未有丝麻，衣其羽皮……后圣有作，治其丝麻。

《白虎通·号》篇中，也记有远古之时人们的服饰情形。

---

① ［美］安妮·霍兰德：《性别与服饰——现代服装的演变》，魏如明等译，东方出版社 2000 年版，第 6 页。

民人但知其母，不知其父；饥则求食，饱则弃余，茹毛饮血，而衣皮革。

从这些古文献的记载看，我们知道服饰在最初产生的时刻，主要有实用主义和功利主义的价值，无论性别之分，审美之见。

旧石器时代，特别到了山顶洞人时期，人们的服饰审美观念开始产生。因为山顶洞人时期的人们开始有意识地用一些贝壳、兽牙之类的装饰物装饰自己。这种审美意识的萌芽具有很重要的意义，因为它标示着人们对服饰的要求开始走向审美，虽然这种审美并不完全是一种纯粹意义上的审美。并且，更重要的是，这个时期服饰的性别差异开始出现。沈从文先生在他的《中国古代服饰研究》中曾经这样分析说："在母系氏族公社时期，男子不仅盛行装饰，出于某种原因，还可能在装饰品的数量方面高于妇女。在山顶洞人的一百四十一件装饰品中，兽牙、犬齿，占了绝大的比例，达一百二十五件之多……青年男子把它佩带于身，还具有勤劳、勇敢与胜利的象征。而某些细小石珠等饰品的选材加工和制造，则可能是对于妇女们才能智巧的表现。"① 由此看来，旧石器时代人们虽然在服装方面没有大的差异，但表现在装饰物上，却有了性别上的区分，这也最早地显示了一种审美理念——男性服饰更多地表现阳刚美，女性服饰更多地表现阴柔美。

殷商时期，服装的实用功能开始向审美功能转化。这一点我们可以从出土的殷商甲骨文所记录的服饰字样如衣、履、黄裳、鞶带、袂以及装饰物如玉佩、玉环、耳坠、笄、梳等看出。只是殷商时期服饰上微妙的性别差异像上古一样尚不十分明显。以妇好墓为例：

出土的玉器装饰品多达426件，品种相当复杂，有用作佩戴和镶嵌的饰品，有用作头饰的笄，有镯类的臂腕饰品，有衣服上

① 沈从文：《中国古代服饰研究》，上海世纪出版集团2005年版，第4页。

的坠饰，有珠管项链，还有圆箍形饰品及杂饰等。饰品的造型有龙、虎、熊、象、马、牛、羊、犬、猴、兔、凤、鹤、鹰、鸱鸮、鹦鹉、鸟、鸽、鸬鹚、燕、鹅、怪禽、鱼、鳖、龟、蝉、螳螂等27种，走兽飞禽鱼虫，陆上空中水生两栖动物均有，精美备至。玉料有青玉、白玉、籽玉、青白玉、墨玉、黄玉、糖玉等。另外又有琮、圭、璧、瑗、璜、玦等175件礼仪性质的玉饰品，47件绿晶、玛瑙、绿松石、孔雀石等宝石类饰品，499枚骨笄以及数十兼骨雕和蚌饰。可注意者，墓中还出土了铜镜4面，用于净耳的玉耳勺2根，特别是28枚玉笄集中出自棺内北端，原先可能是插在华冠上的饰件。不难想象，墓主生前是极注重梳妆打扮的。①

由此看来，以妇好为代表的殷商女性已经非常注意对自我形体的修饰，她们已经不再满足于自然属性的身体，而是企图通过对自我身体的美化，来超越平凡的肉体属性，从而赋予自然的身体以一种精神的意义，一种审美价值功能。

到了西周时期，由于周公制礼作乐，通过分封制建立了一种有着严格等级秩序的“尊尊亲亲”的社会文化体系，所以，自西周始，服饰成了一种暧昧的性政治的隐喻，服饰开始同权力、政治紧密地联系在一起，与意识形态联系在一起。《礼记·礼器》中对衣着等级做了明文规定：

礼有以文为贵者。天子龙衮，诸侯黼，大夫黻，士玄衣纁裳。天子之冕，朱绿藻，十有二旒，诸侯九，上大夫七，下大夫五，士三，此以文为贵也。

并且，据《周礼》记载，当时人们将礼划分为吉礼、凶礼、军

① 宋镇豪：《中国风俗通史·夏商卷》，上海文艺出版社2001年版，第335—336页。

礼、宾礼、嘉礼五等，合称“五礼”。与这些礼仪相适应，服饰也做了种种区分，由穿着者尊卑等级秩序及场合的差异，服饰有相应规定的形制。荀子说：“修冠弁衣裳，黼黻文章，雕琢镂刻，皆有等差，是所以藩示之也。”西周的这种礼制秩序要求服饰严格建立在等级关系基础之上，不仅服饰的样式，而且服饰的色彩都必须具有文化秩序的内涵。以服饰“芾”的颜色而言，天子用纯朱色，诸侯用黄朱，大夫用赤色。

西周服饰的这种文化规定决定了服饰的伦理色彩，即服饰“以善为美”的审美特征。即美的服饰必须与上下贵贱的等级关系相适应而不能僭越，否则就是不美的。先秦时期这种“以善为美”的服饰审美特征与西方“以真为美”的服饰审美特征迥然不同，从而使服饰美没有走上一条完全形式主义的道路。

当然，西周的等级制度在根本上是建立在男女不平等的基础之上的，所以，西周服饰一个重要的特征就是体现在服饰上的性别对立观念。具体来说，人们不仅要求服饰有着实际的功用效果，能够体现社会一定的等级秩序，而且非常自觉地把服饰审美同性别联系在一起——即有意塑造男性服饰的阳刚方正气质，以及女性服饰端庄柔媚的气质。西周在服饰审美上关于性别文化的建构无疑是成功的，它不仅通过服饰建立了一种秩序文化体系，而且通过服饰视觉文化模式的建构，创建了一种比较成熟的美学观念。就这个意义上说，服装自身也内蕴有一种坚韧的力量，通过形式的外在隐喻，委婉地表达了精神上关于性别的内在渴望——希望女性隐忍含蓄、男性刚健有力。从而，西周时期的人们通过服饰最终完成了性别隔阂的美学企图。当然，这种阴谋的实施在一定意义上是通过美学的隐秘途径实现的。

我们试以《诗经·鄘风·君子偕老》中宣姜的衣饰特点来谈这个问题。

> 君子偕老，副笄六珈。委委佗佗，如山如河。象服是宜。子之不淑，云如之何？玼兮玼兮，其之翟也。鬒发如云，不屑髢

也。玉之瑱也，像之揥也。扬且之皙也。胡然而天也！胡然而帝也！瑳兮瑳兮，其之展也，蒙彼绉絺，是绁袢也。子之清扬，扬且之颜也，展如之人兮，邦之媛也！

在这首诗中，宣姜虽然是被贬抑的对象，但从她服饰的华丽来看，我们发现周代贵族女性的服饰主要以细布、细纱、帛绢等质料做成，显得轻盈、飘逸，和女性温婉的性格相符合。和女性这种柔媚的服饰风格不同，先秦贵族男性的服饰则多以羔裘等皮质制作而成，隐含了他们孔武有力的精神气质。如《国风·郑风·羔裘》曰：

羔裘如濡，洵直且侯。彼其之子，舍命不渝。羔裘豹饰，孔武有力。彼其之子，邦之司直。羔裘晏兮，三英粲兮。彼其之子，邦之彦兮。

《诗经·唐风·羔裘》曰：

羔裘豹祛，自我人居居！岂无他人？维子之故。羔裘豹褎，自我人究究！岂无他人？维子之好。

《国风·召南·羔羊》也反复表达了男性衣服质料的特点。

羔羊之皮，素丝五紽。退食自公，委蛇委蛇。羔羊之革，素丝五緎。委蛇委蛇，自公退食。羔羊之缝，素丝五总。委蛇委蛇，退食自公。

如果说先秦时期女性的服饰主要表达了一种优美的气质，那么男性的服饰则主要体现了一种力的精神，体现了一种权力意志。

总体上说，自西周时期起，女性的身体通过服饰的装点开始失却肉体的真实性，而具有虚拟化的特征，女性服装主要以谦恭柔顺作为表达的主题。这种服饰最高的理想目的就是取消女性的肉体性，并用令人满意的虚构真实来取代简单的事实。像安妮·霍兰德所说的那样，与女性服装主要表达一种谦恭主题、企图取消肉体不一样，男性的服饰在根本上是一种权力制服，在本质上说是一种对肉体上的自制，采取的是一种抑制情感的外表。

最终，西周统治者通过服饰来完成了一种关于身份的集体认同，巧妙地运用服饰创造出了一种有力的意义。就审美意义讲，西周时期，服饰作为标明社会角色和社会身份的标志，它通过塑造不同的男女性别形象，有力地强化了社会性别角色秩序。

二　从淡雅到华丽：先秦男女审美视野的裂变

春秋时期，由于战乱频仍，自西周建立起来的礼乐制度逐渐走向崩溃，作为西周宗法制社会核心要素的“尊尊亲亲”也由于这种社会变革逐渐失去了它原有的价值魅力，而逐步为“贤贤”所替代。整个社会无论从政治制度，还是从文化礼仪体系上都发生了极大变化。表现在外在的文化秩序上，就是整个社会呈现出一种大道不存、礼崩乐坏的局面。由于失去了强大政治意识形态力量的束缚，整个社会从上到下在精神层面上都表现出一种自由开放的态度，这一点在《诗经》的爱情诗中有着鲜明的体现。社会虽然也讲求“德”与“礼”对人们言行的制约，但人们的思想和行为实际上还是比较自由的。这种混沌无序的社会精神对那个时期人们的服饰也产生了深刻影响。就女性服饰来说，整体呈现出自然清新的审美风貌。

当然，春秋时期人们的服饰还是有着一定的贵贱等级区分的，表现在色彩上，就是王者衣必黼绣。《考工记》叙绘画，以为“青与赤谓之文，赤与白谓之章，白与黑谓之黼，黑与青谓之黻，五彩备谓之绣”。这种黼绣主要是指衣服上的绘绣而言（上衣纹饰一般用绘，下裳纹饰一般用绣）。《墨子》称：“昔者楚庄王鲜冠组缨，绛衣博袍，以治其国，其国治。”鲜艳富丽的服饰能够显现出人们身份的高贵，表现出精神的典雅，从而让他们有意识地表现精致的宫廷礼仪、正统的智慧和适度的傲慢（安妮·霍兰德语）。

但色彩的这种等级意识到了春秋时期还是发生了变化，逐渐具有了性别色彩的内涵。表现在《诗经》中，就是秾丽华艳的服饰更多地属于男性，而素淡静雅的服饰更多地属于女性。高亨对此就做过非常概括准确的描述："古代女子穿绿衣，男子穿红衣。所以说红男绿女。"[①] 周代服饰之所以具有这样的审美风尚，究其原因我们可以直接获取两点：

一是，由于周代尚赤。在《周礼》中有这样的记述：

> 夏后氏尚黑，人事敛用昏，戎事乘骊，牲用玄；殷人尚白，大事敛用日中，戎事乘翰，牲用白；周人尚赤，大事敛用日出，戎事乘马原，牲用马辛。

赤色在五行上属于阳，而男性是阳，所以男性和红色之间就具有了一种神秘的联系；而女性属阴，在色彩上自然就和素色联系在了一起。

二是，在春秋时期，女性的社会地位已经开始陨落，"男外女内"的社会角色模式基本上已经定型。女性既然整日幽闭于家中这样一个私人领域，而不必像男性那样更多地属于公众领域，所以这就势必对女性提出道德上以及精神上的理想要求，即以娴静优雅为最高的审美范式。这样一种道德要求自然和审美要求非常紧密地联系在一起，从而让素色成为女性服饰的基本审美格调。相应地，红色象征着的热烈、勇敢、正义等精神内涵自然和男性的刚烈、勇猛的性情气质相契合。

下面，我们以《诗经》中女性服饰的描写为例来谈这个问题。首先我们来看《郑风·出其东门》一诗。

---

① 高亨：《诗经今注》，上海古籍出版社1980年版，第105页。

出其东门，有女如云。虽则如云，匪我思存。缟衣綦巾，聊乐我员。出其闉阇，有女如荼。虽则如荼，匪我思且。缟衣茹藘，聊可与娱。

“缟衣綦巾，聊乐我员。”《毛传》：“缟衣，白色男服也。綦巾，苍艾色女服也。”《正义》：“苍即青也，艾谓青而微白，为艾草之色也。”此即白与青的搭配。

“缟衣茹藘，聊可与娱。”《毛传》：“茹藘，茅草鬼之染女服也。”《郑笺》：“茅草鬼染巾也。”《正义》：“李巡曰：‘茅鬼，一名茜，可以染绛。’”此乃红与白的搭配。

这里，这位服饰素淡华美的少女“缟衣綦巾”、“缟衣茹藘”，以她淡雅静宜的服饰美获得了年轻男子的心。她身穿白色的绢制衣，配以苍青色或亮红的巾饰，显得清新可人。

即使《鄘风·君子偕老》中尊贵的宣姜的衣服，也是较为素净淡雅。“玼兮玼兮，其之翟也。……瑳兮瑳兮，其之展也，蒙彼绉絺，是绁袢也。”这里的“玼”和“瑳”，都是形容衣服色彩像玉一样温润鲜明。

与男性服饰相比，整个春秋时期的女性服饰显得更加素雅纯一。春秋时期的男性，无论他们身份地位如何，服饰则大都斑斓多姿。如：

载玄载黄，我朱孔祥，为公子裘。（《豳风·七月》）
彼其之子三百赤芾。（《曹风·候人》）
赤芾在股，邪幅在下。（《小雅·采菽》）
玄衮赤舄。（《大雅·韩奕》）
西人之子，粲粲衣服。（《小雅·大东》）
《毛传》：“粲粲，鲜盛貌。”
绿兮衣兮，绿衣黄里。（《邶风·绿衣》）
君子至止，黻衣绣裳。（《秦风·终南》）

《毛传》："黑与青谓之黻。"
素衣朱襮，从子于沃。（《唐风·扬之水》）
青青子衿，悠悠我心。（《郑风·子衿》）
……

服饰色彩的不同选择在一定程度上造成了男女审美的分野。女性对淡雅审美色彩的雅好在一定意义上说明了春秋时期女性迥异于男性的审美取向——内敛自守，贞一淑静，自然清新，端庄娴雅。

然而，到了战国时期，女性服饰的色彩却发生了惊人的变化，变得色彩艳丽，华彩照人，从而与春秋时期女性服饰整体说来比较素淡形成较大差异。

先看一些出土文物和文献材料的记载。从近年长沙信阳楚墓出土的大量彩绘男女俑看，当时从事歌舞伎乐的年轻妇女，社会地位虽然不高，但衣着已经十分讲究，色彩华美，质料也显得柔软轻盈。特别是长沙仰天湖出土的战国楚墓彩绘木俑（现藏故宫博物馆），这个女性木俑衣着华丽，身穿绣大翻卷云纹、锦沿曲裾的深衣，显得优美妩媚。

再看文学作品中的战国女性服饰。屈原《楚辞》中描写的山鬼、少司命、湘夫人等，都是衣饰繁美，惊艳夺目。她们披兰纫蕙，异于常俗。例如《山鬼》中的山鬼，服饰色彩鲜艳，斑斓璀璨：

山鬼若有人兮山之阿，被薜荔兮带女萝。既含睇兮又宜笑，子慕予兮善窈窕。乘赤豹兮从文狸，辛夷车兮结桂旗。被石兰兮带杜衡，折芳馨兮遗所思。

《九歌·少司命》中，少司命"荷衣兮蕙带，儵而来兮忽而逝。"而《九歌·云中君》中，云中君"浴兰汤兮沐芳，华采衣兮若英。灵连蜷兮既留，烂昭昭兮未央"。《招魂》中，那些美丽的侍妾在醉酒之后，"朱颜酡些，嬉光眇视，目曾波些。被文服纤，丽而不奇些，长发曼鬋，艳陆离些。”

我们从中可以看出，战国时代的女性服饰色彩斑斓、华美异常，其审美风格趋向于繁缛秾丽、热烈明艳。

在后来宋玉的《神女赋》中，宋玉描写巫山神女曰：

> 其盛饰也，则罗纨绮缋盛之章，极服妙采照万方。振绣衣，被袿裳。襛不短，纤不长，步裔裔兮曜殿堂。忽兮改容，婉若游龙乘云翔。嫷被服，侻薄装；沐兰泽，含若芳。……夫何神女之姣丽兮，含阴阳之渥饰。披华藻之可好兮，若翡翠之奋翼。其象无双，其美无极；毛嫱鄣袂，不足程式；西施掩面，比之无色。①

从高唐神女“纨绮缋盛”、“沐兰含芳”的服饰特点看，我们发现，战国时期，和男性服饰相对显得简洁、色彩暗淡、从而具有一种不加修饰的理性外观不同，女性服饰往往显得色彩斑斓、装饰繁缛。

战国时期女性服饰的这种审美特点有着深刻的社会文化内涵。

战国时代，由于“礼崩乐坏”，礼乐制度趋于全面崩溃，人们的思想精神相对比较自由。顾炎武在《日知录》中言：“春秋时有尊礼而重信，而七国则绝不言礼与信矣；春秋时有尊周王，而七国绝不言王矣；春秋时犹严祭祀，重聘享，而七国则无其事矣；春秋时犹论宗族氏族，而七国则无一言及之矣；春秋时犹宴会赋诗，而七国则不闻矣；春秋时犹有讣告策书，而七国则无有矣。”这说明战国时期由于武力决定了一切，所以社会的时代精神就由春秋时期的“尚德”转变为“尚武”，由“尚礼”转变为“尚法”，整个社会的道德伦理气息变得薄弱，享乐主义气息日益浓厚。没有了礼教的约束和制约，在对审美问题上，人们的审美态度是开放的。

并且，战国时期，由于杨朱思想的影响，整个社会的肉欲色彩还是比较浓郁的。具体来说，春秋时期，在情性关系问题上，人们一般

① 朱碧莲：《宋玉辞赋译解》，中国社会科学出版社1987年版，第89页。

是尊性抑情的，因为他们觉得性与道近，情近欲也。也就是说，春秋时期人们由于更加注重仁德思想的持守，基本上是拒斥欲望的自由表达的。而到了战国时期，无论是荀子还是杨朱、列子，以及齐国的管仲学派，在对人的情欲问题上，人们一般在理论上持一种肯定的态度，认为厚味、美服、好色、音声都具有存在的价值，应该为人们所拥有。管仲作为齐国有名的政治家，提出了“礼义廉耻，国之四维。四维不张，国乃灭亡”的话，但在对待情欲问题上，他表现出了惊人的宽容态度：“凡人之情，得所欲则乐，逢所恶则忧，此贵贱之所同有也。近之不能勿欲，远之不能勿忘。”要求人们顺性而生，不障不碍，适度地满足自我基本的生理欲求，释放自然的人性。

特别是杨朱认为，人们理想的存在状态应该是顺性而往，乐生逸身。只有这样，才能做到合道全真，应物不滞。在《列子·杨朱》中，杨朱曰：

> 古语有之：“生相怜，死相捐”，此语至矣。相怜之道，非唯情也，勤能使逸，饥能使饱，寒能使温，穷能使达也。相捐之退，非不相哀也，不含珠五，不服文锦，不陈牺牲，不设明器也。晏平仲问养生于管夷吾。管夷吾曰：“肆之而已，勿壅勿阏。”晏平仲曰：“其目奈何？”夷吾曰：“恣耳之所欲听，恣目之所欲视，恣鼻之所欲向，恣口之所欲言，恣体之所欲安，恣意之所欲行。夫耳之所欲闻者音声，而不得听，谓之阏聪；目之所欲见者美色，而不得视，谓之阏明；鼻之所欲向者椒兰，而不得嗅，谓之阏颊；口之所欲道者是非，而不得言，谓之阏智；体之所欲安者美厚，而不得从，谓之阏适；意之所欲为者放逸，而不得行，谓之阏性。凡此诸阏，废虐之主。去废虐之主，熙熙然以俟死，一日、一月、一年、十年，吾所谓养。拘此废虐之主，录而不舍、戚戚然以至久生，百年、千年、万年，非吾所谓养。”①

① 杨伯峻：《列子集释》，中华书局 1997 年版，第 222—223 页。

由此可见，以杨朱为代表的道家，主要奉行一种纵欲主义的生活观念。而杨朱作为显学，在战国时代和儒墨一样，具有广泛而普遍的社会影响力。

的确，战国时代的人们都不再尝试对身体做一种道德伦理上形而上学的乌托邦想象，而是转向对人的肉身化身体的思考。

再者，到战国时期，女性的社会地位已经更加低微。《韩非子·亡徵》："后妻淫乱，主母畜秽，外内混通，男女无别，是谓两主，两主者，可亡也。"《经法·六分》中亦有："主两则失其明，男女挣（争）威，国有乱兵，此胃（谓）亡国"的说法。

种种因素的合力，使战国时期的女性在服饰审美问题上整体趋向一种张扬、热烈、享乐主义色彩浓郁的华丽之美。这种美喧嚣、浮躁，突破严格的道德理性范囿，张扬一种感性的极大快乐。作为人们肉体自然的文化延伸，服饰在某种意义上说帮助女性完成了自我内心深处对美的认知和集体性的文化身份认同。

从春秋至战国，先秦女性在服饰美学色彩上艰难地走过了一条从淡雅到华丽的审美道路。

三　宽衣博带：先秦女性气韵、意境美的物质演绎

气韵和意境作为两个成熟的审美范畴虽然在魏晋和唐朝时期才出现，但它们所秉持的精神气质在先秦时期其实就已经初见端倪。气韵美和意境美表现在服饰上，就是要求服饰不仅仅主张一种实用价值，而且弘扬一种超越性的精神价值，它能够引领人超越平凡的肉体属性，向精神的诗意迸发。具体到女性服饰上，就是女性服饰往往显得飘逸含蓄、气韵生动，具有诗性的美感，从而和男性平凡质朴、毫无想象力的服饰区分开来。

从女性服饰的样式来看，战国时期的女性服饰大多是宽衣博带。虽然这种衣服样式更多地出现在战国时期的舞女之中，但上层贵族女性也开始穿着。其实，早在春秋时分，宽衣博带已经出现，只是从出

土文物和有限的文献记载看，宽衣博带尚是上层社会的一种审美追求，并没有成为社会的一种整体审美风尚。关于此，沈从文先生在《中国古代服饰研究》一书中说："春秋、战国提倡宣传的古礼制抬头，宽衣博带成为统治阶级不劳而获过寄食生活的男女尊贵象征。上层社会就和小袖短衣逐渐隔离疏远……"[①] 但宽衣博袖、玉树临风，到了战国时期却成为上层社会男女，特别是贵族女性一种普遍自觉的审美取向。

战国时期，女性的服饰相对春秋时期一般都较为宽大，特别是地处南国的楚国，更是仙袂飘拂，女性的衣袖特别的长，衣摆一般都拖曳及地。相传河南洛阳金村战国韩墓出土的玉雕舞女，就是典型的长袖，曲裾，领、袖、裙脚均有宽沿，斜裙绕襟，裙而不裳。玉雕舞女束腰若素，显得身姿窈窕，衣带飘扬。而1973年于湖南长沙市子弹库出土的《人物龙凤图》帛画上，我们发现所绘墓主是一位雍容华贵的贵妇。她危髻峨峨，嵬嵬欲堕，宽袍广袖，也是束腰如素，垂地而盘的长衣前后张开，显得风神萧然。

宽衣博袖、仙袂飘举的服饰审美取向在一定意义上造成了中国女性服饰独特的审美特征，这就是气韵、意境美的蕴藏。当然，女性服饰的这种审美取向一方面固然和隐秘的性意识冲动有关，另一方面与春秋时期的儒家文化特别是道家文化有着密切的联系。例如儒家讲究的文质彬彬、宽缓柔和的中庸之道就必然会对女性服饰的含蓄内敛产生影响，而道家对玄虚自然的大道的推崇也势必会影响春秋时期女性服饰的审美特征，特别是道家追求的"静美"，更对春秋战国时期的女性服饰审美形成了极大影响。

老子说："致虚极守静笃。万物并作，吾以观复。夫物芸芸，各复归其根，归根日静，静曰复命。"（《老子》十六章）王弼注曰："以虚静观其反复。凡有起于虚，动起于静，故万物虽并动作，卒复归于虚静。"老子认为"静"是宇宙万物最原始的存在状态，也是人

---

① 沈从文：《中国古代服饰研究》，上海世纪出版集团2005年版，第47页。

最本真的存在状态[①]。

庄子继承老子思想的衣钵，以静寂作为最至高的精神追求。在《天道》篇中，他说："圣人之静也，非曰静也善故静也，万物无足以跷心者，故静也。"意思是如果一个人能够持守内心之虚静，做到万物不入侵于心，则可无为而无不为也。然后，庄子又从美学的角度对"静"进行了阐释，他说："天地有大美而不言，四时有明法而不议，万物有成理而不说。圣人者，原天地之美而达万物之理，是故至人无为，大圣不作，观于天地之谓也。"（《庄子·知北游》）

道家对"静"作为一种审美的至高境界的追求，显然对女性服饰具有重要的影响作用，使女性服饰显现出女性静逸幽雅的生命气质。

现代学人徐复观先生对静的理解也颇具深意，他说："'静'的艺术作用，是把人所浮扬起来的感情，使其沉静、安静下去，这才能感发之善心。但静的艺术性，也只有在人生修养中，得出了人欲去而天理天机活泼时候，才能加以领受。"[②]

其次，道家重虚崇无的哲学美学理念对先秦女性服饰的文化生成也有着重要影响。老子认为道的本质是虚无的，有即生于无，无是万物的根本。他说："道可道，非常道；名可名，非常名。无名，天地之始；有名，万物之母。故常无，欲以观其妙；常有，欲以观其徼。"（《道德经》第一章）在《道德经》第40章，老子更以明晰的语言阐述道："天下万物生於有，有生於无。"庄子继承老子的思想，重视天道、无为，注重淡泊清静、飘逸虚无。在《人间世》中，他讲道："若一志，无听之以耳，而听之以心；无听之以心，而听之以气。耳止于听，心止于符。气也者，虚而待物也。唯道集虚。虚者，心斋也。"庄子的"心斋"就是清心寡欲。无成执，无常形，故能究万物之情。

道家文化重静、尊无的思想对春秋战国时期女性服饰的影响是至

① 王建：《静之美》，《贵州社会科学》1990年第12期。

② 徐复观：《中国艺术精神》，春风文艺出版社1987年版，第32页。

关重要的，它促使人与衣相协和，相统一，从而使衣服成为女性自我身体的延伸，成为女性自我审美精神的物质演绎，这就是战国时期的女性服饰开始显得飘逸、宽大、静雅的根本原因。先秦女性服饰的美感像有些学者所说的那样，“在虚与实、明与暗、动与静的节奏中体现出来”，表现出一种特有的神韵气质。

然而，战国时期通过男女不同的服饰格调不仅进一步弱化了女性的体态，而且强化了男女性格的差异。比如，当时女性的服饰多为夸张窈窕的样式，特别突出富有女性魅力的胸部、腰部的曲线美。这种“体态与服饰的相互适应与相互补充，等于为男女性别角色的确立制定了对后世影响深远的特别服饰模式”①。特别是战国时期的楚国，楚灵王爱细腰，宫中多饿死。表现在女性服饰上，就是当时楚国女性束腰风气十分盛行。虽然束腰之习可能最迟在春秋时期形成，但在战国时期的楚国却达到了高潮。

实质上，服饰这种外在的美学风格其实内蕴了深刻的文化学意义，它为女性关于自我身体制定了一个潜在的审美标准和审美理想，无意识地规范着女性关于自我身体审美的理解和想象。

四　先秦女性服饰的审美意义

综上所述，先秦女性服饰具有自身独特的审美特征，如讲究以伦理性为核心要素的服饰的自然端庄、素淡典雅美，以表达女性淡泊自定、超然物外的意境气韵美等。特别是先秦女性服饰所追求的意境气韵美，不仅深深影响了中国传统社会女性几千年的服饰审美追求，而且与西方古希腊时期女性的服饰美相比，也显示出独特深刻的审美意蕴。

就总体而言，古希腊女性服饰追求一种以表现形体美为中心的审美观念，着意突出身体自身的物理审美属性。服饰以人体审美为中心，追求一种三维空间的显现，而不着重突出服饰的文化审美内涵。

---

① 华梅：《人类服饰文化学》，天津人民出版社 1995 年版，第 210 页。

相比较而言，先秦女性服饰的文化属性意义要重要得多，服饰远远超过了它的实际价值功能，通过服饰，女性婉曲地表达了自我关于美学的想象，从而让身体超越了它的肉体平凡属性。表现在审美上，注重女性服饰的伦理色彩，注重女性服饰的空间性和时间性，往往用柔性结构的曲线组构表现柔婉，用面料及线条的柔软感表现温顺。在审美境界上，以宽衣博带来显示先秦女性飘逸淡定的精神追求。

作为一种外在化的审美形态，在强化女性性格方面，先秦女性服饰有着重要的意义。如“男性的体态不是立方体，但男性服装却多为见角见棱，线条峻峭的；女性的体态并非圆形的，但女性服装却多突出圆润、柔和与曲线。这就是强化与蕴涵着性别的性格期待。可以看到，就在这含蓄之中形成了人们对男女性别差异的一种固定的文化期待。从而将男性角色的服饰形象固定为阳刚之气和壮美；将女性角色的服饰形象恒定为阴柔之气或概括为优美。”① 虽然在春秋战国时期，服饰的性别内涵还比较含蓄，尚不像后世那样确定，那样明晰，但根本的审美规定性已经基本确定下来。这就是，女性的服饰偏重华美、繁缛、飘逸，男性的服饰则偏重质朴、简单、阳刚。

然而，结合着一些美学形式的价值观来谈战国时期的女性服饰问题，我们就可以得到更加深刻的思想。首先，从美学的视点来看，我们可以看出一些审美形式是如何通过微妙的方式最终被定型为“女性的”；其次，就审美的价值看，我们又可以看出它们是如何被男性隐秘地定义为不太重要的、价值不高的和不太崇高的形象②。确切地讲，“精细的”或“装饰性的”东西都被认为是女性的和低等的，而粗糙的、宏大的、质朴的东西则被认为是男性的和高等的。而先秦时期，在审美文化的意义上，人们仿佛对此已有所醒悟。纯粹中性的审美形式由此具有了性别的文化意义，也由此具有了高低不同的价值内涵。

① 华梅：《人类服饰文化学》，天津人民出版社 1995 年版，第 210 页。

② ［英］史蒂文·康纳：《后现代主义文化——当代理论导引》，严忠志译，周宪、许钧主编，商务印书馆 2004 年版，第 288 页。

客观来讲，女性服饰的这种审美意义从根本上忽视了女性身体的生物属性，而仅仅把女性身体作为审美文化性表达。突出强调了女性身体的社会文化意义，从性别文化角度对女性身体进行了强有力的社会建构。以前论者在论及先秦服饰时，总是一味强调服饰的社会文化意义，强调服饰所体现的社会等级秩序，从而缺少以性别的审美目光来审视女性身体自身，这是值得进一步探索的。

先秦女性服饰的审美风格是随着商、周代父权制社会的建立而形成的。而父权制文化就像一柄利刃，是靠对母系制文化的贼杀来完成的。自从建立以来，它时而像静悬高空的日神阿波罗，默默用它耀眼的光辉，遍照万物；时而又像醉酒的酒神狄奥尼索斯，喧嚣着把一切建立，又把一切毁灭。就女性服饰来说，它也有力地建立了关于服饰审美的种种法则，使先秦女性关于服饰的审美基本上不能逃逸出这个园囿。正如福柯在《规训与惩戒》中所揭示的那样，社会的各种权力形式依靠各种具体琐碎的实践被配置到社会的各个角落。父权制社会也正是通过服饰这个道具在某种意义上实现着男人关于女性审美的梦想，但女性毕竟是制造服饰的主体力量，她虽然不可避免地会受到男性审美观念的影响，终究会在服饰上体现出女性自我秘密的审美印记。

春秋战国时期的女性服饰作为一种理想的审美范式，像其他事物一样，作为轴心时代的产物，对后世中国女性服饰产生了深远的难以言及的影响。

第二节　乐舞审美

音乐和舞蹈作为人类超越自我、超越动物性的一种存在，它不仅仅是人类模仿现实存在的结果，而且深刻地表达了人类灵魂深处的东西，使人类能够最大限度地暂时超越自我肉体性的存在，进入天人合一的神秘境界。《诗大序》中说："言之不足，故嗟叹之；嗟叹之不足，故永歌之；永歌之不足，不知手之舞之足之蹈之也。"《礼记·

乐记》也说："诗，言其志；歌，咏其声；舞，动其容也。"由此看来，原始宗教仪式中是诗、乐、舞三位一体的，这种诗歌、音乐、舞蹈的合一，最早表达了原始人类深刻的精神理念。通过乐舞所达到的神秘境界，人进入一种忘掉自我的迷狂境地，载歌载舞，癫狂沉醉，从而与自然合一，与神合一。儒家正是看到乐舞这种神秘的巨大力量，把乐舞与政治紧密地联系在一起，企图通过乐舞来实现人心政治的合一。

实际上，乐舞作为中华早期文明中一种绚烂的审美存在，它最初的价值不仅有神秘的巫术意义，而且也和人对自我生命的关注相关。《吕氏春秋·古乐》称：

> 昔陶唐氏之始，阴多滞伏而湛积，水道壅塞，不行其源，民气郁阏而滞著，筋骨瑟缩不达，故为舞以宣导之。

可见，上古时期乐舞的兴起原因是多方面的，并不仅仅是一种元素决定的。

作为人类自我身体的舞蹈和歌唱，乐舞表达了某种神秘性的东西，它像黑夜神秘的花朵，使隐藏在庸常事物下的诗性呈现出来。就这个意义上说，乐舞和女性之间有着神秘的联系。比如音乐，它空灵、虚静，充满了诗性的力量和节奏，从而成了女性昭示自我的有力表征。塞壬的歌声，在幽暗的大海上飘扬，使男性欣喜地发现了欲望的本质。同样的，涂山氏的歌声，也成了女性自我表达生命渴望的手段。《吕氏春秋·音初》记载曰：

> 禹行功，见涂山氏之女，禹未之遇而巡省南土。涂山氏之女乃令其妾待禹于涂山之阳，女乃作歌，歌曰"候人兮猗"，实始作为南音。周公及召公取风也焉，以为《周南》、《召南》。

在这里，通过音乐，女性的渴望和激情，理想和希冀紧密地交织在一起。由此可见，女性和音乐之间有着神秘的联系。

一　女乐：先秦乐舞悦神悦志的审美存在

女乐其实就是一种以女性为主体的音乐舞蹈。它主要和雅乐相对而言显示自身价值。作为一种宫廷式娱乐性乐舞，女乐和雅乐决然不同。

雅乐是西周武王伐纣以后，命周公旦根据夏商礼仪典制，治礼作乐，建立起来的一套礼乐制度。作为礼乐教化的工具，雅舞、雅乐主要是一种帝王纪功式的舞蹈、音乐。就审美特征而言，风格上它雍容典雅、豪华庄严，场面上宏大肃穆、威严有加。就音乐节奏而言，它深沉有力、迂回缓慢，主要显示一种典雅纯正的审美趣味。就音乐的审美内容而言，主要表现帝王的赫赫功绩。就雅乐的审美功能看，其政治意识形态性、现实功利性较强，主要起一种教化功能，先王曾以之“经夫妇，成孝敬，厚人伦，美教化，移风俗”（《毛诗大序》）。总体看来，雅乐的一个主要审美原则是体现一种平正中和的思想，通过音和，从而实现人和、政和，最终达到天下统同，万物合一。

雅乐在虞舜时期便已经具有。《尚书·舜典》中记载：

> 帝曰：“夔！命汝典乐，教胄子。直而温，宽而栗，刚而无虐，简而无傲。诗言志，歌咏言，声依永，律和声。八音克谐，无相夺伦，神人以和。”夔曰：“于！予击石拊石，百兽率舞。”

由此看出，夔典乐注重的是“神人以和”的音乐功能的追求，以塑造完美的人格特征为旨趣。到了西周时期，雅乐得以政治制度上的正式体认。周公将“六代乐舞”奉为雅乐的典范，强调其礼仪性质和教育作用。“六代乐舞”主要指黄帝时期的《云门大卷》、唐尧时期的《咸池》、虞舜时代的《大韶》，夏禹时代的《大夏》，商汤时代的《大蠖》、周武时代的《大武》。这六种乐舞主要用于祭祀场合，从而造成一种肃敬和睦的气氛，即是《诗经》所说的“肃雍和鸣，先祖是听”（《周颂·有瞽》）。最终通过祭祀乐舞的表演，实现先祖的福佑，德政的整一。

也许，更重要的是，雅乐在本质上是一种男性音乐，它深刻地体现了男性的审美理想和审美追求。关于这一点，我们可以从《礼记·内则》中寻找到答案。

《礼记·内则》曰：

> 十有三年，学乐，颂诗，舞《勺》；成童，舞《象》，学射御；二十而冠，始学礼，可以衣裘帛，舞《大夏》。

可见，雅乐的主要审美主体是以男性为主的，这是一个不容忽视的重要问题。所以，雅乐的审美特征在某种意义上说反映了先秦时期男性的审美观念。正是雅乐的这种男性特征，雅乐显得从容不迫，闲雅大方，同时也沉闷无聊，具有一种难耐的理性的气质。《淮南鸿烈·泰族训》曾说：“朱弦漏越，一唱而三叹，可听而不可快也。”一语道破了雅乐的根本特质。

而女乐显然有别于雅乐。

作为以女性为表演主体的乐舞，女乐是继巫而起的真正专业歌舞艺人。与以男性为表演主体的歌功颂德的雅乐不同，女乐主要通过表演乐舞供人娱乐。一般来说，女乐的社会地位不高，她们都是统治阶级的乐舞奴隶。

就审美特征而言，和雅乐一味追求和平静穆、雅人深致不同，在审美趣味上，女乐走上了一条绮错柔媚、动人心旌的审美道路。它不拘礼俗，放逸骀荡，远远超越了当时礼乐文化的规范。作为一种“务以相过，不用度量”的侈乐，在审美形式上，女乐往往追求一种“北里之舞，靡靡之音”，追求一种绮丽软媚的审美表达。在审美气质上，它不像雅乐一样使用黄钟大吕，表现一种浩浩汤汤的庙堂气象，而是“以詎为美”，“俶诡殊瑰”，追求过声、凶声、慢声，突破了中庸的审美原则，追求一种“四气竞上，极声变只”的审美表达。

《新序》卷二曾记载无盐女对齐宣王宣讲齐国四殆原因之一便是，“……女乐俳优纵横大笑，外不修诸侯之礼，内不秉国家之治”。

对于女乐的审美特征，《吕氏春秋·侈乐》曾谈道：

> 夏桀、殷纣作为侈乐，大鼓、钟、磬、管、箫之音，以钜为美，以众为观，俶诡殊瑰，耳所未尝闻，目所未尝见，务以相过，不用度量。

这则作为现今有关女乐最早记载的材料，显示了女乐的根本特质，即“以钜为美，以众为观”，追求一种“俶诡殊瑰”的审美效果。

就审美功能而言，相对于雅乐的政治功利性，女乐的审美性、超功利性、休闲性、消费性较强，从而在当时深受统治者的喜爱。“晋平公悦新声”（《国语·晋语》），魏文侯“听古乐则唯恐卧，听郑卫之音则不知倦”。春秋时期齐景公说：“夫乐，何必夫故哉?”（《晏子春秋》）战国时期梁惠王亦说：“寡人非能好先王之乐也，直好世俗之乐耳!”（刘向《新序》）这些都说明了女乐作为一种超越了帝王纪功式乐舞的审美形式，它以悦神悦志为目的，而不是对人的心灵的教化。

女乐早在夏商时期就已出现。1950 年，在河南安阳武官村发掘了一座商代时期的大墓，墓内殉葬者中，有 24 具女性骨架，置椁室两侧，其随葬品中有一个精美的虎纹特磬和三个小铜戈。由此可以推断，这 24 具女尸生前便是乐舞奴隶，即宫廷中所谓的“女乐”。以“女乐”的身份出现在商代的宫廷享乐活动中在当时是颇具代表性的。《管子·轻重甲》记载说：“昔者桀之时，女乐三万人，晨噪于端门，乐闻于三衢。”《史记·殷本纪》亦曰：

> 帝纣资辨捷疾……好酒淫乐，嬖于妇人。爱妲己，妲己之言是从。于是使师涓（当为师延之误）作新声，北里之舞，靡靡之

乐。厚赋税以实鹿台之钱，而盈矩桥之粟。益收狗马奇物，充仞宫室。益广沙丘苑台，多取野兽蜚鸟置其中。慢于鬼神。大聚乐戏于沙丘，以酒为池，悬肉为林，使男女裸，相逐其间，为长夜之饮。

当然，这里的“新声”，其实也就是女乐。作为一种供人娱乐的靡靡之乐，它成了统治者精神享受的工具。

至春秋时期，因为礼制松弛，雅乐崩坏，作为与雅乐相对立的女乐（与古乐相对又称“新乐”、“新声”）开始重新繁盛起来。《论语·微子》就记载了鲁哀公时宫廷雅乐乐官四处奔散的情况，“太师挚适齐。亚饭干适楚，三饭缭适蔡。四饭缺适秦。鼓方叔入于河。播鼗武入于汉。少师阳、击磬襄入于海”。

到战国时，女乐更加繁盛。据《列子》记载，当时的女乐们“娥苗靡曼者，施芳泽、正娥眉、设笄珥、衣阿锡、曳齐纨、粉白黛黑、佩玉环、杂芷若以满之，奏《承云》、《六莹》、《九韶》、《晨露》以乐之”。她们施芳沐兰，以色娱人；歌舞翩翩，以技悦人。

正因为女乐的这种审美特征和审美功能，她们经常被统治阶层作为可被政治利用的工具。“秦穆公时，戎强大，秦穆公遗之女乐二八与良宰焉。”（《吕氏春秋·壅塞》）《论语》亦云：“齐人馈女乐，季桓子受之，三日不朝，孔子行也。”《春秋左传》襄公十一年载：“郑人赂晋侯以师、师触、师鷁，……歌钟二肆，及其镈磬，女乐二八。晋侯以乐之半赐魏绛，……魏绛于是乎有金石之乐，礼也。”

总体上讲，女乐虽然在一定程度上反映了先秦男性的权力意志，但女乐同时又是先秦女性自我审美意识的流露。它软媚、绮靡、活泼、生动，缺少一种劲切雄丽、飞扬蹈厉的美感。并且，作为一种与雅乐相对立的乐舞，女乐虽然没有很多社会功利色彩的附丽，没有过多的社会教化功能，但女乐作为一种审美物质符号，在一定意义上彰显了艺术的独立性。

二 巫女形象：先秦女乐审美的有力旁证

巫，大部分情况下指的是女性。《说文解字》卷五上言：“巫，祝也，女能事无形，以舞降神者也。象人两袖舞形，与工同义。”

《尚书·伊训》亦说：

> 敢有恒舞于宫，酣歌于室，是谓巫风。巫以歌舞事神，故歌舞为巫觋之风俗也。

孔颖达疏：“巫以歌舞事神。”

由此看，巫女指的就是一些通过“乐舞”媚神、降神、通神的女性。她们酣歌曼舞，以此来达到与神交通的目的。不仅如此，人们对巫还有智力、形貌上的要求。

《国语·楚语下》曰：

> 民之精爽不携贰者，而又能齐肃衷正，其智能上下比义，其圣能光远宣朗，其明能光照之，其聪能听彻之，如是则明神降之，在男曰觋，在女曰巫。

这说明先秦时期的女巫不仅妙丽多姿，艳绝人寰，而且具有聪慧灵秀的气质，并不是一些丑陋愚笨之人。关于此，《易经·说卦》还有“兑为泽，为少女，为巫，为口舌”之说，把巫与少女，与口舌辩才联系起来，说明了女巫亦必须具备年轻、善辩的特点。

由于必须以色悦神，以丽冶人，通过曼歌妙舞交通于神，所以从审美的意义上讲，女巫也是一种审美性的存在。在巫女和女乐之间，有着密不可分的关系。关于此，骆晓戈在《巫女和女乐》这篇文章中分析道：“巫女和女乐之间有一个难分彼此的阶段，这是因为她们都和音乐舞蹈的起源有关系。女巫就是最早的女乐，为了施展她们的魔力，她们以色悦神，以丽冶人，香风流溢，给人以仙女下凡的印象。”

就这个意义讲，巫女的歌舞也是先秦女乐的重要组成部分，也是先秦女性审美意识的无意表达。甚至可以说，先秦女乐就是直接从巫女发展而来。虽然后来先秦女乐逐渐脱离了巫术的宗教性质，而拥有了独立的审美特征，但先秦巫女作为一种具有审美性的宗教存在，她一直对先秦乐舞发生着重要影响。

《诗经·陈风·东门之枌》对女巫有描写：

> 东门之枌，宛丘之栩。子仲之子，婆娑其下。谷旦于差，南方之原。不绩其麻，市也婆娑。谷旦于逝，越以鬷迈。视尔如荍，贻我握椒。

《九歌·东皇太一》也是对女巫的描写：

> 扬枹兮拊鼓，疏缓节兮安歌，陈竽瑟兮浩倡。灵偃蹇兮姣服，芳菲菲兮满堂。五音纷兮繁会，君欣欣兮乐康。

《九歌·云中君》中也有关于女巫的刻画：

> 浴兰汤兮沐芳，华采衣兮若英。灵连蜷兮既留，烂昭昭兮未央。謇将憺兮寿宫，与日月兮齐光。

《东皇太一》和《云中君》中二者的“灵”，王逸皆训为巫，而他灵字则训为神。案《说文解字》亦云：“灵，巫也。”

从以上三首诗中，我们看到女巫是怎样的偃蹇连蜷、芳菲满堂。她不仅舞姿曼妙，而且“扬枹兮拊鼓，疏缓节兮安歌，陈竽瑟兮浩倡”。由于女巫“市也婆娑”，以乐舞魅于鬼神，所以，女巫在某种意义上就是女乐。

从殷商到周，由于文化脉络的继承性，巫术祭祀之风一直不绝。

这种巫术祭祀之风作为先秦时期的一种社会文化氛围，使先秦女巫作为一种职业也一直存在。王书奴在其《中国娼妓史》中说："河东（指殷言）文化，虽被河西（指周言）文化征服。然而并没有灭绝。楚人就是此项文化一部分保存与继续者。"① 关于楚国信巫，王逸在《楚辞章句》亦谓："楚国南部之邑，沅湘之间，其俗信鬼而好祀，其祠必作歌乐鼓舞，以乐诸神。"其实，不仅楚国好巫，就是当时的陈国、齐国也无不好巫。《诗经·陈风》中的《宛丘》以及《东门之枌》都是对女巫的描绘，而齐国即有著名的"巫儿"。

三　女乐的审美感染力及影响

女乐这种以休闲为主的乐舞，其审美艺术形式具有很强的审美感染力，往往能使人暂时忘却世间的忧喜悲乐，进入艺术所创造的审美境界。《列子·汤问》曾记载有这样一个故事，说明女性音乐的神圣魅力：

> 薛谭学讴于秦青，未穷青之技，自谓尽之，遂辞归。秦青弗止，饯于郊衢，抚节悲歌，声振林木，响遏行云。薛谭乃谢求反，终身不敢言归。秦青顾谓其友曰："昔韩娥东之齐，匮粮，过雍门，鬻歌假食。既去，而余音绕梁木丽，三日不绝，左右以其人弗去。过逆旅，逆旅人辱之，韩娥因曼声哀哭。一里老幼悲愁，垂涕相对，三日不食。遽而追之。娥还，复为曼声长歌。一里老幼喜跃忭舞，弗能自禁，忘向之悲也。乃厚赂发之。故雍门之入至今善歌哭，效娥之遗声。"

韩娥为代表的先秦女乐标示了女性音乐特殊的审美品质就在于情感的审美感染力，它决然不同于男性为代表的雅乐的庄重典雅，理性自持。

---

① 王书奴：《中国娼妓史》，生活·读书·新知三联书店1998年版，第19页。

先秦女乐对后世中国音乐和舞蹈以及戏剧产生了深刻影响。

就音乐来说，中国古典音乐的总体审美特征是幽软婉转，轻峭柔和，缺乏刚劲昂扬、劲健雄丽之美。关于此，王光祈先生曾发表过相关言论，说：“西洋人习性豪阔，故其发为音乐也，亦极壮观优美；东方人恬淡而多情，故其发为音乐也，颇尚清逸缠绵……西洋人性喜战斗，音乐也以好战民族发为声调，自多激扬雄健之音，令人闻之，固不独军乐一种为然也；反之，中国人生性温厚，其发为音乐也，类皆柔霭祥和，令人闻之，立生息戈之意；换言之，前者代表战争文化，后者代表和平文化者也。”王光祈先生主要从中国人的性情上来谈中国音乐的温软祥和，但我以为这种论述虽有确切之处，尚不全面。因为中国音乐的形成不仅有着地域文化、审美主体气质性情的影响，更重要的是，由于女乐在中国音乐中的主体地位，所以，女性所特有的温婉缠绵不可避免地会对中国音乐形成极大影响，从而造成中国音乐软媚的阴柔气质。关于此，施咏先生说：“在中国的传统音乐中，总体风格而言，亦是多为幽软婉转之音，缺少刚健昂扬之调。”①

先秦女乐对后世中国舞蹈也产生了深刻影响。从生理解剖学角度看，女性的生命性征和男性是决然不同的。相对男性生命性征的高大威猛，女性一般来说身材娇弱、纤细、圆润，具有柏克所说的优美感。且不说女性的这种生命性征是由生理本质决定的，还是由社会文化建构的，女性由于其风柳腰身，婉转多姿而使女乐在中国古代舞蹈艺术中占据统治地位。根据有关论者所言，女乐舞蹈的主要审美特质是以手、袖为容，另加上细腰的曲折，整个体现了我国传统舞蹈轻柔的审美风格。并且，整个表演中注重舞蹈的抒情性，强调技巧性，是舞蹈在技巧与抒情方面的统一。所以，从分析来看，女乐舞蹈不同于男性舞蹈的力之美、雕塑美，而是企图表现一种温柔的生命节奏，一种诗意的浪漫情怀。她们或者“起西音于促柱，歌江上之飕厉”，或者“纤衣袖而屡舞，翩跹跹以裔裔”，从而“容以表志”、“舞以明

① 施咏：《中国人音乐审美心理中的阴柔偏向》，《中国音乐》2006 年第 4 期。

诗”。和西方舞蹈的热烈激昂相比，中国舞蹈的审美特征是轻柔抒情。当然，这种以阴柔气质为主的审美特征的形成除了一些外在的文化要素的影响外，女乐的积极参与无疑是这种特征形成的主要原因之一。

女乐对中国戏剧的影响。关于女乐对中国戏剧的影响，王国维曾经有较精彩的论述。在《宋元戏曲史》一书中，他分析说：“至于浴兰沐芳，华衣若英，衣服之丽也。缓节安歌，竽瑟浩倡，歌舞之盛也，乘风载云之词，生别新知之语，荒淫之意也。是则灵之为职，或偃蹇以相帅，或婆娑以乐神，盖后世戏剧之萌芽，亦犹存焉者矣。”① 充分说明了女乐，或者更恰切地说是女巫对中国戏剧发展至关重要。女乐是以女性作为主体的，女性在乐舞中的这种崇高地位直接影响了后来以“唱、念、做、打”为特征的中国戏剧。在中国古代传统戏剧中，主角一般来说都是女性，以女性的演唱为主。特别是南方的一些重要剧种如越剧、昆剧以及评弹等，更是以女性作为戏剧的核心要素的。

女乐对中国戏剧最深刻的影响还表现在男旦的出现。这种男性的女性化在中外文化史上都是罕见的。《汉书·郊祀志》就曾记载有“优人饰为女乐”的事实，至清乾隆年间则涌现出以蜀伶魏长生为代表的男旦群，遗迹清末以梅兰芳为代表的四大名旦。大体说来，这些男旦多相貌清秀，有女人娇媚之态。唱腔纤细圆润，细腻温泽，具有女性说唱特征。

中国戏剧特征的女性化在一定程度上说明了女乐影响力量至深。

乐舞作为以女性为主体的审美艺术，先秦女性通过它尽情地释放着自我，演绎着自我的生命元素。她们的婉约、虚静、空灵、飘逸，通过音乐和舞蹈作为载体得以肉身化。或惊若飞鸿，或飘若回风，从而把自我对生命意志的理解通过审美的方式隐秘地显示出来。

---

① 王国维：《宋元戏曲史》，上海古籍出版社1998年版，第3页。

第三节 诗歌审美

作为一种话语建构的产物，诗歌仿佛是男性诗人把玩的东西。但实质上，诗歌是最为超越性别的。作为与人类生命最为相关的存在，它忠实地记录了人类灵魂神秘隐约的悸动以及肉体不可遏制的激情的战栗。

在诗歌与女性之间，更有着一份难以言说的情怀。因为在女性这里，生活往往被体验为一种艺术，而艺术也往往被体验为一种生活的结果。诗歌作为艺术最完美的表达，毋庸置疑地成为了女性表达自我最直接的工具。正像有学者所论证的那样，人类在尼罗河畔考古发现的世界上最早的一首诗是女性写的。而公元前 6 世纪希腊的萨福被公认为世界上最早的女诗人，她的诗名远远超过当时的男诗人，被柏拉图称为“第十位文艺女神”。

在中国，传说早在上古时期女娲就曾制作笙簧，兴诗作乐，而《吕氏春秋·音初》也曾记录最早的“北音”和“南音”皆起于妇女，这深刻地说明了诗歌与女性生命的内在关系。周时宫中从民间采诗，执著于艺术本体自身，男女诗均采，大大超越了狭隘的性别立场。

《诗经》作为中国第一部诗歌总集，大致记录了从西周初年至春秋中叶，即公元前 11 世纪至前 6 世纪 500 年间人们的生活事件和情感意绪。因此，在《诗经》中完全可以寻找到先秦女性诗歌审美的踪迹。就《诗经》中的女性诗歌来看，具有显然有别于男性诗歌的特点。

一 诗歌主题：情感性和召唤性

与以男性诗歌为主体的雅诗和颂诗相比，表现在诗歌主题上，女性诗歌不像男性诗歌那样，以意志呈现为主，而是主要以情感表现作为创作主题。因为创作主题不一，因而表现在审美风格上，女性诗歌也不像男性诗歌那样，显得文体冗长，沉静理智，而是往往显得情感浓烈、轻快明朗。就文体上看，女性诗歌因为主要以抒情为主，因而诗歌文体主要是爱情诗或抒情诗；而男性诗歌因为主要表现意志，所以在文体上主要是以叙事为主的叙事诗。譬如，《诗经·国风·周南》中的《葛覃》、《卷耳》、《芣苢》、《汝坟》，《国风·召南》中的《草虫》、《行露》、《殷其雷》、《摽有梅》、《江有汜》以及《邶风》中的《柏舟》、《日月》、《终风》、《简兮》、《泉水》、《谷风》、《雄雉》、《匏有苦叶》，……以及《郑风》中的很多诗篇，可以说大都是女性创作的诗歌。这些诗歌的主题相对都比较单一，主要是一些情意悠长的爱情诗或者哀怨幽咽的弃妇诗。

如《摽有梅》有力地表现了先秦时期女性对爱情率直、坦荡、热情的追求：

> 摽有梅，其实七兮！求我庶士，迨其吉兮！摽有梅，其实三兮！求我庶士，迨其今兮！摽有梅，顷筐塈之！求我庶士，迨其谓之！

而《卷耳》这首诗则幽婉地表达了女子思恋爱人的忧伤：

> 采采卷耳，不盈顷筐。嗟我怀人，寘彼周行。陟彼崔嵬，我马虺隤。我姑酌彼金罍，维以不永怀。陟彼高冈，我马玄黄。我姑酌彼兕觥，维以不永伤。陟彼砠矣，我马瘏矣。我仆痡矣，云何吁矣。

《丰》这首诗表现了女子失去爱情后深深的失意怅惘：

> 子之丰兮，俟我乎巷兮，悔予不送兮。子之昌兮，俟我乎堂兮，悔予不将兮。衣锦褧衣，裳锦褧裳。叔兮伯兮，驾予与行。裳锦褧裳，衣锦褧衣。叔兮伯兮，驾予与归。

《鄘风·柏舟》这首诗大胆地表现了先秦时期女性敢于反抗礼教、勇敢追求爱情自由的精神：

泛彼柏舟，在彼中河。髧彼两髦，实维我仪；之死矢靡它。母也天只！不谅人只！泛彼柏舟，在彼河侧。髧彼两髦，实维我特；之死矢靡慝。母也天只，不谅人只！

在《谷风》、《氓》之类的诗篇中，女性则带着怨愤的口吻讲述了由于自己华落色衰，男性“士也罔极，二三其德”的行为，从而发出了“反是不思，亦已焉哉！”的愤怒呼声。

塞尔维亚作家 L. 伍里才维奇说：“在某些能够显示真理的人中，一种人通过理性的力量得到它，另一种人则通过他们的心和爱。”纵观上面这些诗歌，我们发现，女性诗歌主要遵循“诗缘情”的艺术特点，执着于自我情感、生命欲望的表达，从而迥然有别于男性诗歌“诗言志”的特点——没有他们的铺张扬厉、繁缛华丽，而更多的是情感的自由宣泄。所以，情感性是女性诗歌呈现出的标示性文本特征。表现在审美形式上，女性诗歌由于情感的表达，充满了诗意性和召唤性，而相对的是男性诗歌的反诗意和反召唤，“既无象征、隐喻，也没有暗示，而是在纯现实主义的修辞中进行所谓的换喻（metonymy）——从一件东西到紧邻的另一件再到紧邻的另一件——或者举隅——以物体的局部代替整体。”① 所以男性诗歌不像女性诗歌那样在情感的波涛中颠簸，而是主要游走在现实主义的生活链条之上。如《豳风·七月》，诗人根据时序详细而完整地记录了周人一年中的农事活动，现实主义的气息非常浓厚，没有任何情感的波澜飞跃。再如《大雅·公刘》，诗歌以质朴的语气周详地记录了周人的祖先公刘赫

① ［美］琳达·诺克林：《女性，艺术与权力》，游惠贞译，广西师范大学出版社 2005 年版，第 115 页。

赫的历史功绩，文字没有结构的跳跃，也没有诗意的洋溢，只是像一块裸露的石头那样真诚地诉说着。

下面我们具体来感受一下男性诗歌和女性诗歌的不同。且看《大雅·公刘》记载：

> 笃公刘，匪居匪康。迺埸迺疆，迺积迺仓。迺裹糇粮，于橐于囊，思辑用光。弓矢斯张，干戈戚扬，爰方启行。笃公刘，于胥斯原。既庶既繁，既顺迺宣，而无永叹。陟则在巘，复降在原。何以舟之，维玉及瑶，鞞琫容刀。笃公刘，逝彼百泉，瞻彼溥原。迺陟南冈，乃觏京。京师之野，于时处处，于时庐旅，于时言言，于时语语。笃公刘，于京斯依。跄跄济济，俾筵俾几。既登乃依，乃造其曹。执豕于牢，酌之用匏。食之饮之，君之宗之。笃公刘，既溥且长，既景迺冈。相其阴阳，观其流泉，其军三单。度其隰原，彻田为粮。度其夕阳，豳居允荒。笃公刘，于豳斯馆。涉渭为乱，取厉取锻。止基迺理，爰众爰有。夹其皇涧，溯其过涧。止旅迺密，芮鞫之即。

在这首诗中，诗人用理性的笔触不厌其烦地叙述了先人公刘创业的艰辛，叙事性很强，诗意性和情感性则很少。《诗经》中的一些其他史诗如《大雅》中的《生民》、《绵》、《皇矣》、《大明》等都有这个特点。

所以，就这个意义上说，女性诗歌代表了对人类情感的矫饰，而男性诗歌则代表了人类道德的一维。而在某种意义上，热情与道德之间存在着一种紧张的关系。用桑塔格的话说，就是“毋庸置疑，矫饰情感是疏离的、去政治化的——或者至少是非政治的”，而道德与政治之间则有着明确的异构同质关系。的确，女性诗歌作为女性审美意识的物化形态，作为女性生命飞翔的一种姿态，它们与男性诗歌有着不同的艺术品质。它们虽然也许没有女性性别经验的深刻体认，但却有着女性独特于男性生命本质的性别经验的书写。女性诗歌这种对女性内在生命体验的关怀、个体生存价值的关注，疏离了以男性为表征的政治意识形态以及集体理性观念。

这样，女性诗人相异于男性诗人的一个重要区别就是注重诗歌中个人化私人空间的建构。一般来说，女性诗歌不具有男性诗歌宏大的社会目的，不具有男性诗歌堂皇的公众个性，更不具有男性诗歌深度的精神关怀，它们只执着于自我情感空间的营造。在这里她可以自由地放飞自我，陶醉于情感的旅行；更可以驰骋想象，上穷碧落，下尽黄泉。正像诗人翟永明所说："女性的真正力量就在于既对抗自身命运的暴戾，又服从内心召唤的真实，并在充满矛盾的二者之间建立起黑夜的意识。"的确，女性诗歌遵循着黑夜的审美原则，流溢着的是温热的情感，驱逐着的是白色的冷酷理性。特别是她们对爱情的歌颂与追求，更几乎成了女性诗歌的一个基本创作母题。在这一点上，女性诗歌的爱情追逐有别于男性诗歌的功利追逐。约·布罗茨基在《哀泣的缪斯》一文中写道："爱情实际上就是无穷对有穷的态度。无穷和有穷关系的颠倒，则构成信仰和诗歌。"可见，爱情表达了人类对永恒的一种精神信念，对有限性的一种超越。而男性由于受儒家重"有为"、重"齐家治国"思想的影响，受整个先秦时期抑情扬性文化的影响，所以对待情感他们一般不像女性那样把它放在了生命的中心，从而表现在艺术上，一般不进行一种生命激情的展示。

表现在美学距离上，由于女性艺术家往往企图把自己变成了艺术品本身，像苏珊·格巴所说，希望"几乎完全消灭自己而化为艺术"，所以，女性艺术家同自己的艺术品之间往往具有同一性，其与作品之间的美学距离很小。由于此，《诗经》中的女性作品呈现出灵魂不安的骚动和热情的生气蓬勃，仿佛女性自身的生命在歌唱。而《诗经》中的男性诗歌对热情则采取了一种审慎的态度，他们和自己的作品之间保持了一种冷静的距离，从而企图使自己的作品保有一种伪自然主义的客观性。虽然也出现了像《关雎》、《硕鼠》这样一些以情感表现为主题的作品，但男性诗歌大体上保有一种几乎无懈可击的客观性。

二　诗歌语言：质感性和流动性

《诗经》中的女性诗歌话语和男性诗歌话语有着明显的不同。女性诗歌的语言相对比较感性、灵动，充满了流动性和与生俱来的质感性，而不似男性诗歌的语言那样严谨、整饬，充满了理性的逻辑力量。以《郑风·将仲子》为例：

> 将仲子兮，无逾我里，无折我树杞。岂敢爱之？畏我父母。仲可怀也，父母之言亦可畏也。将仲子兮，无逾我墙，无折我树桑。岂敢爱之？畏我诸兄。仲可怀也，诸兄之言亦可畏也。将仲子兮，无逾我园，无折我树檀。岂敢爱之？畏人之多言。

这首诗主要表现一个少女对爱情又忧又惧、渴望同时又惶惑的微妙心理。现实生活中的女子小心翼翼，表现在诗歌中，她的语言也是断裂的、脆弱的、破碎的，从而完美地表现了她犹疑不定的心理。

相反的，我们以男性诗歌的代表《大雅·文王》为例来说明这个问题：

> 文王在上，于昭于天。周虽旧邦，其命维新。有周不显，帝命不时。文王陟降，在帝左右。亹亹文王，令闻不已。陈锡哉周，侯文王孙子。文王孙子，本支百世，凡周之士，不显亦世。世之不显，厥犹翼翼。思皇多士，生此王国。……命之不易，无遏尔躬。宣昭义问，有虞殷自天。上天之载，无声无臭。仪刑文王，万邦作孚。

在这首诗中，我们发现诗歌的语言节奏铿锵有力，充满了一股坚定的力量，并且，语言的线性秩序感非常强，没有女性诗歌语言的零碎、混沌、迷茫，诗歌缺乏一种内在情感的巨大冲击力。在这里，一切都显得井井有条，仿佛上帝就生活在其间。

关于此，后现代女性主义美学认为，“男性语言是线性的、限定的、结构的、理性的和一致的；女性语言是流动的、无中心的、游戏的、零散的和开放结尾式的。男性的思维模式也是线性的、单一的……；而女性的思维模式却是圆形的、多重的。在写作上，男性总是看重排列、组合，总是不必要的使用两分法：主动与被动；太阳与月亮；文化与自然；白天与黑夜。而女性的写作是没有固定界限的”①。对个中缘由，拉康分析说，“女性有进入非线性思维领域的特殊能力，男性是技术的目的性的理性，在与他人的对比中确定自己的地位”②。他建议女性创造不同于男性的文化，避免线性思维和男性的科学样式，提倡“圆形写作”，并认为它是女性圆形线条的反映。当然，后现代女性主义美学关于女性的看法未免有些生理本质主义的局限性，但同时它又在另一层面上向我们展示了女性生命的特质。

三　诗歌题材：个体性和日常性

通过《诗经》向我们透露的女性诗歌的审美特征，我们还发现女性诗歌话语迥异于男性诗歌话语的另一特征，这就是女性诗歌话语与男性诗歌话语有着不同的空间形式。男性诗歌话语的空间一般局限于宫廷、官场、庙堂等官员活动的场所，而女性诗歌的话语空间则主要包括闺房、厨房、田野、溪流、大地等。总之，一句话，与男性诗歌的话语空间不同，女性诗歌的话语空间“大都在庙堂之外的广袤大地展开”③。当然，我们这里所讲的诗歌的话语空间形式即是讲诗歌题材的取舍问题。这也就是讲，女性诗歌的创作题材一般具有个体性和日常性，而男性诗歌题材则一般比较宏大，具有社会性和重大性等特点。

随便举例来说，我们都可以看出《诗经》中女性的活动天地多与

---

① 李银河：《女性主义》，山东人民出版社2005年版，第71页。

② 同上。

③ 敬文东：《从野史的角度看……》，见《被委以重任的方言》，中国人民大学出版社2003年版，第11页。

高堂大庙保持了遥远的距离，而更多地与自然、家庭保持一份和谐。《卷耳》、《采蘋》、《芣苢》、《出其东门》等都可以说明这一点。且看《芣苢》：

采采芣苢，薄言采之，采采芣苢，薄言有之。采采芣苢，薄言掇之，采采芣苢，薄言捋之。采采芣苢，薄言袺之，采采芣苢，薄言襭之。

女性欢乐的劳动场面展开在无边的田野，广袤的大地。

而在《出其东门》中，诗人爱慕的年轻女子也是在逃逸出了庙堂之外，才自由地呼吸着自然清新的空气：

出其东门，有女如云。虽则如云，匪我思存。缟衣綦巾，聊乐我员。出其闉阇，有女如荼。虽则如荼，匪我思且。缟衣茹藘，聊可与娱。

由上，我们可以说，关于诗歌题材的取舍，女性多善于发现生命瞬间所迸发的火花、挖掘生活平凡细节中所蕴藏的诗意，男性则多关注一些宏大的社会事件。对此，周瓒曾这样论述说："女性诗歌的写作一直保持对于个人性与日常性的关注，她们的作品中较少凌空蹈虚的宏伟叙事，她们书写个人的精神成长，……日常生活中的平凡而诗意的经验。"① 诗人蓝蓝也曾这样表述："一般而言，女性诗人更多地关注私人化的主题、感情和经验，而缺少探讨'宏大叙事'。"② 现代学者对女性诗歌特质的这些理论界说同样适合先秦女性诗歌审美。的确，相对于男性宏伟庄严的大叙事格调，先秦女性采取了一种低调的小叙事姿态。

---

① 周瓒：《女性诗歌：自由的期待与可能的飞翔》，《江汉大学学报》2005年第2期。
② 蓝蓝：《她们：超越性别的写作》，《诗探索》2005年第3期。

《诗经》中女性诗歌题材的这一选择，一方面彰显了先秦女性社会地位的边缘化处境，另一方面也显示了先秦女性自我生命与本真自然神秘契合的状态。

《诗经》时期是中国女性诗歌的草创时期，在这个特殊的历史时期，先秦女性用她绚丽的生命唱出了时代最华美的乐章。至今，我们依然能够透过薄薄的发黄的纸页，聆听到先秦女性怦然的心跳。也许，在这个英雄已经开始诞生的时代，女性的嘴唇还没有成为静默的创伤，女性的生命还没有成为裸露着将被书写的空白纸页，从而让静寂之声成为她生命的中心性（苏珊·格巴语），所以，通过诗歌，先秦女性喧嚣着，向世界宣示着自己的存在。的确，通过《诗经》中女性诗歌的解读，我们领略到了先秦女性质朴的审美情感。虽然有人指责她们的审美情调不够宏大庄严，但她们是真挚的、热烈的，仿佛一簇燃烧的火苗闪烁在大地。

由此，通过《诗经》，我们看到了女性生命和诗歌艺术之间的本质同一性——女性通过诗歌获得了生命的延续，获得了同时间抗衡的力量。所以，在《美杜莎的笑声》一文中，埃莱娜·西苏呼吁女性拿起笔来，自由地书写自身，以此获得生命意义的显现。

第三章　先秦女性审美的特殊趣味

审美趣味问题是美学研究中十分重要的问题之一。对此，历来的美学家都试图对之做出自我符合理念的解说。“从康德《判断力批判》里‘对美的事物的判断需要趣味’的命题，到爱默生《论美》中‘对美的爱就是对趣味的强调’”，17 世纪末 18 世纪初以来的西方美学家都力图对审美趣味做出合乎理性的解说。休谟把人“精致的想象力”视为趣味的标准，而与伏尔泰同时代的耶考特爵士说得更明确：“一般地，趣味是一种能因对象而感到愉快和兴奋的感官。”①

一般来说，我们把审美趣味作为一种审美判断，它是人们在对审美对象直接感知的基础上，自我特殊性审美体验和审美感受力的直接外在表征形式。在具体的审美实践活动中，它强调对理性辨析的拒绝，对具有精神意向性的趣味的追求。作为一种“社会性的偏爱”，审美趣味不仅体现个体生命的审美特点，而且具有共通的社会性，能够反映一个时代生命群体的审美取向。因此，审美趣味不仅成为审美个体审美能力发展水平的标志，也时常成为一个时代审美风尚的表征。

通常的看法，审美趣味是没有性别差异的，因为社会中的男女都生活在时代同一主要的审美原则之下，遵循着同样的审美理想，女性的优雅趣味由于是男性根据自己的趣味创造出来的，因而与男性审美保持同一性。但实质上，由于天然的生理、心理结构，以及文化因素

---

① 转引自文化研究网 http：//www. culstudies. com。

的制约，女性的审美趣味显然有别于男性。相对于男性趋向于对宏阔、壮丽、雄健、具有阳刚美事物的选择，女性一般来说倾向于喜好幽微隐潜、柔弱优美的事物。博克在他的《论崇高》一书中，就直接干脆地把女性等同于优美的事物的最高表征，而把男性作为崇高的事物的最高表征。从博克的这种分类中，我们也可以看到女性迥然有别于男性的审美趣味。

就先秦女性和古希腊女性的审美趣味比较而言，中国先秦女性的审美触角是向内探伸的，追求一种幽暗柔媚，沉静安详的境界；而古希腊女性的审美触角是向外拓展的，健康明朗。这也显示了中外女性两种不同的审美取向：内敛型和外向型。

纵观先秦女性各个不同时期的审美活动，就会发现她们保有中和之趣、阴柔之趣、德性之趣诸多审美趣味。它们既相对独立，又密不可分，交相辉映，共同解说着先秦女性那独具一格的趣味主义人生观和美学观。

第一节 中和之趣

作为一种自觉的审美价值取向，作为一个成熟的审美范畴，中和之美出现于春秋战国时期。而把中和之美作为一种理想的审美范式，作为一种心仪的审美趣味，是先秦时期女性审美的特有格调之一。

一 中和美及先秦女性中和审美趣味发展的背景

什么是中和之美呢？

简单讲，中和之美在美的表现形态上，既不是强调一种鸢飞戾天、铺张扬厉的美感，也不是强调一种鱼翔潜底、幽柔抑郁的美的极致；它所追求的是一种“允执厥中”、不偏不倚、温和平夷的美。这种美不强调个体极度的主体性，而是弘扬一种主体间性，强调事物之间的平衡和谐关系，即强调人与神、人与自然、人与社会、人与自我之间的均衡合一关系。所以在本质上，这种美既不属于主体本体论，也不属于客体本体论，而是属于关系本体论的范畴。简言之，中和美不追求一种孤立绝缘的美感，它采取一种抑制的态度，重视事物之间的相互协作关系。

中和之美就其本质来看，强调一种阴阳调协、刚柔相济的和谐状态。即“阳而不散，阴而不密，刚气不怒，柔气不慑。四畅交于中而发于外，皆安其位而不相夺也”（《乐记·乐言篇》）这样一种不激荡的静态美。细究起来，这种表面上要求刚柔相济的“中和之美”，体现的是一种包含了中庸之道的节制精神，一种为达到和谐而最终偏向于柔顺和悦的阴柔之气。

早在半坡时期，“中”的观念在我国已经出现，到了虞舜时期，“尚中”的观念便已经比较成熟。《尚书·盘庚》中就比较早地出现了“中正”的思想。而《尚书·酒诰》中出现了“中德”，《吕刑》里强调执法用刑要“中”。考究这些“中”字的含义，有正确、适度、恰到好处的含义。寻找一种事物的平衡，执两用中、不偏不倚，唯有如此，我们才能获得一种美的极致。由此可见，在我国的上古时期“尚中”思想就已经产生。

而“尚和”的思想在我国上古时期也得到了最早的表达。在《尚书·舜典》中，有这样的记载：

> 帝曰：夔，命汝典乐，教胄子。直而温，宽而栗，刚而无虐，简而无傲，诗言志，歌咏言，声依咏，律和声；八音克谐，无相夺伦，神人以和。

这说明早在舜时，“和”的观念便已出现，虽然它讲究的是一种“神人以和”，讲求人与神之间的和谐，但毕竟最早提出了“和”的观念。

同样是在《尚书·大禹谟》中，有“人心惟危，道心惟微，惟精惟一，允执厥中”这样的话语。这句话过去人们一直执着于它与心学之间的渊源关系，但实际上，它更是“中庸”或“中和”思想的滥觞。“和”，作为中国上古时期一个内涵还比较模糊的概念，逐渐演变为后世一个重要的哲学范畴、伦理范畴和审美范畴。

在后来的西周末至春秋期间，关于“和”的思想人们曾经有过深刻的论述。史伯说：

> “夫和实生物，同则不继。以他平他谓之和，故能丰长而物归之。若以同裨同，尽乃弃矣。故先王以土与金木水火杂，以成百物。是以和五味以调口，刚四支以卫体，和六律以聪耳，正七体以役心，平八索以成人，建九纪以立纯德，合十数以训百体。……声一无听，物一无文，味一无果，物一不讲。”（《国语·郑语》）

在这里，史伯把“和”的思想内涵理解为多种事物的杂多统一，是一种内在的和谐，而不是同种事物的简单相加。

但“中和”作为中国古代哲学思想和审美领域的一个重要范畴，首次完整提出的是《礼记·中庸》。《中庸》云：“喜怒哀乐之未发，谓之中，发而皆中节，谓之和。中也者，天之大本也，和也者，天下之达道也。致中和，天地位焉，万物育焉。”

《礼记》把“中和”概念做了细致的分析，认为中和是“内中外和”。它们之间是内与外、静与动、情与理的关系。这种和谐的美不仅是一种平和宁静的美，而且必须符合一定外在的礼制约束，呈现出一种持中用常的审美特点。

儒家文化继承西周以来人们关于中和的思想，在伦理上继而提出了中庸之道，在审美上提出了“温柔敦厚”，这些伦理原则和审美原则都以中和为鹄的，讲求“过犹不及”、“怨而不怒”、“哀而不伤”、“乐而不淫”。要求人遵守一种有节制、有限度的平和情感，不得狂野、不得筋露、不得质直，从而达到一种协和万物、与大道同流，“群而不党”、“同民心而出治道”的社会结果。

针对儒家文化标举的这种中和之“德”美，道家文化则提出了虚静恬淡、寂寞无为的中和之“道”美。虽然道家文化表面上强调遗世独立、身与物化，但实际上，道家文化依然是讲求以“和”为美的，只不过这种“和”美不侧重人与社会的和谐关系，而更侧重人与自然的和谐关系。庄子在《天道》中曾提出人有两乐：天乐和人乐。

> 夫明由于天地之德者，此之谓大本大宗，与天和者也。所以均调天下，与人和者也。与人和者，谓之人乐；与天和者，谓之天乐。

虽然庄子以天乐为大、人乐为小，但毕竟是讲求一种和谐的美，不注重西方一种对立冲突的斗争美。

儒家文化以及道家文化这种“重和”的审美要求对先秦女性审美产生了重要影响，使先秦女性也以中和美作为最高的审美表达，作为审美的至上趣味。虽然一般说来，持守中庸、中和也是先秦男性的人格规范，但是男性无论是在审美理念上还是在现实生活中，他们并不仅仅“其温如玉”，而是往往突破这个审美要则和审美理想，走向“威武不能屈，贫贱不能移，富贵不能淫”、金刚怒目、刚健不拔的人格美。

二　先秦女性审美“尚和”的要则

先秦女性所追求的这种中和美具体表现在哪些方面呢？具体来说，主要体现在以下两个方面：

第一，温柔敦厚。“温柔敦厚”本来是孔子所提倡的以《诗经》为楷模的一种诗教，但它“哀而不伤”、“乐而不淫”的审美要求不仅对中国古典艺术产生了重要影响，而且对先秦女性审美也产生了很重要的影响。从先秦时期起，中国女性就开始崇尚一种温柔敦厚的审美趣味。这种审美趣味一般来说不劲直直露，而是要求情感的表达含蓄深沉，既不张扬热烈、金刚怒目，也不蹇涩枯寂、低沉柔靡。

这种审美趣味对女性来说非常重要，以致它奠定了一种迥异于男性的审美理想。在中国，“文质彬彬，然后君子”尽管一直是古代男性理想的人格审美范式，但事实是男性始终可以突破这种“过犹不及”的中庸原则而不受任何道义的谴责，他们甚至以孟子弘扬的至大至刚的阳刚精神作为自我理想的精神价值追求。而女性却不能，她必须要终生持有这种温柔敦厚的审美趣味。“威武不能屈，贫贱不能移，富贵不能淫”对她们来说永远不是人格审美的至高境界。

《诗经·周南·关雎》中让君子“寤寐思服”的“窈窕淑女”，《邶风·燕燕》中“其心塞渊，终温且惠，淑慎其身”的仲氏，以及《邶风·静女》“静女其姝”、“静女其娈”（朱熹《诗集传》云：“静者，闲雅之意。”）的静女，以及《有女同车》中“洵美且都”、“德音不忘”的女子，都是一些温柔敦厚、不轻靡浮华的女性。

在气质上，她们性情温顺、敦厚和雅，具有很高的道德审美规范；在事理上，她们洞晓幽微、深明大义。《国语·鲁语》中的公父文伯之母敬姜，《国语·晋语》中的齐姜，《左传》中的僖负羁之妻、介推之母，都是遵礼法而识大体的女性典范。她们熟知礼法、谨守妇道，并且明理有远见，非凡夫俗子可为。我们且看在《国语》中屡屡出现并被作者深赞的穆伯之妻、公父文伯之母敬姜。《国语·鲁语》曰：

公父文伯退朝，其母方绩。文伯曰：“以歜之家，而主犹绩，惧忓季孙之怒也。其以歜为不能事主乎?”其母叹曰：“鲁其亡乎！使童子备官而未之闻耶?”居，吾语女。圣王之处民也，择瘠土而处之，劳其民而用之，故长王天下。夫民劳则思，思则善心生；逸则淫，淫则亡善，忘善则恶心生。沃土之民不材，淫也；瘠土之民莫不向义，劳也。……君子劳心，小人劳力，先王之训也。自上以下，谁敢淫心舍力？今我，寡也，尔又在下位，朝夕处事，犹恐忘先人之业。况有怠惰，其何以避辟！吾冀而朝夕修我曰：“必无废先人。”尔今曰：“胡不自安。”以是承君之官，余惧穆伯之绝嗣也。

这里我们不仅可以看到敬姜深窥闺门之道，而且亦深悟御民之术，从而表现了温柔敦厚的至高理念。

关于僖负羁之妻，《左传》僖公二十三年记载，重耳流亡及曹：

曹共公闻其骈协，欲观其裸。浴，薄而观之。僖负羁之妻曰："吾观晋公子之从者，皆足以相国。若以相，夫子必反其国。反其国，必得志于诸侯。得志于诸侯，而诛无礼，曹其首也。子盍蚤自贰焉！"乃馈盘飧，置璧焉。公子受飧反璧。

事情果然如僖负羁之妻预料的那样，两年之后，重耳重返晋国，是为晋文公；四年后，晋国攻曹。文公令无入僖负羁之宫，而免其族，施报也。这里僖负羁之妻遵守礼制，温柔敦厚，亦颇有政治远见。

作为具有很高道德审美规范的女性，先秦女性虽然基本上都是一些荀子所说的"夫有礼则柔顺听侍，夫无礼则恐惧自竦"的遵守妇道的女子，但也不是一味地唯唯诺诺的，特别鲜明的例子是怀嬴。怀嬴本来是重耳之侄——子圉在秦做人质时的妻子，后来又被秦穆公赏给晋文公重耳。按说怀嬴本应唯唯诺诺、委曲求全，可当她"奉匜沃盥"，侍奉重耳时，却遭到重耳"挥之"，怀嬴当即厉声斥道："秦、晋匹也，何以卑我？""公自惧，降服而囚。"

所以，温柔敦厚的审美趣味是一种持中和平的趣味，既不激烈高亢，也不卑微受辱。

第二，庄重矜持。女性审美尚"和"的第二个特征表现就是庄重矜持，即具有一种庄重肃穆、严正典雅的仪表美。就审美倾向来说，自先秦时期起，中国女性就不崇尚一种轻浮的妩媚之美，而是视庄重典雅为最高审美范式。这一点特别表现在《诗经》中一些追述女性先祖的史诗中。如《诗经·鲁颂·閟宫》中的姜嫄，诗歌歌颂她曰：

> 閟宫有侐，实实枚枚。赫赫姜嫄，其德不回。上帝是依，无灾无害。弥月不迟，是生后稷，降之百福。黍稷重穋，稙稚菽麦。奄有下国，俾民稼穑。有稷有黍，有稻有秬。奄有下土，缵禹之绪……

姜嫄作为周人先祖后稷的母亲，庄重自持，仪态万方。诗歌除了强调了她显贵的身份外，还着重点到她“其德不回”的精神魅力。

《诗经·大雅·思齐》在追述周人心目中神圣的三位女性先祖时亦云：

> 思齐大任，文王之母。思媚周姜，京室之妇。太姒嗣徽音，则百斯男。

这里，“齐”是端庄，“媚”是美好，“徽音”是美誉。大任、周姜、太姒之所以母仪天下，不仅因为她们地位显赫，更因为她们端庄凝重，威仪凛凛。

而息妫更是这方面的典型。《左传·庄公十四年》记载，息妫本是息侯之妻，后被楚文王霸占。息妫到了楚国后，为楚文王生下两个儿子，但却始终没和楚文王说过一句话。楚王问她原因，对曰：“吾一妇人而事二夫，纵弗能死，其又奚言?”后来楚文王死了，楚国的令尹子元想要勾引她，特意在她的宫侧修筑宫殿舞万舞以取媚于她。“夫人（息妫）闻之，泣曰：‘先君以是舞也，习戎备也。今令尹不寻诸仇雠，而于未亡人之侧，不亦异乎?’御人以告子元。子元曰：‘妇人不忘袭雠，我反忘之!’”从上面看，息妫虽然有封建贞节观念的作祟，但她庄重自守、不慕荣华、不畏权贵的精神，却也表现了很高的精神境界。

其实，在先秦时，不仅一般的贵族女子要求庄重典雅，就是普通的女性也是以持重、矜持为美。《秦风·蒹葭》中那“在水一方”的伊人，《周南·汉广》中那“汉之广矣，不可泳思”的游女等，就是远在尘嚣之上，不可被轻易亵玩的女子。

第二节 德性之趣

对德性的重视，并把它视为对女性进行审美评判的一个有力标准和准则，是先秦特别是周代人们一种普遍的审美信念。所以，对德性美的追求，也是先秦女性一个重要的审美趣味。

一 先秦女性德性审美趣味产生的文化背景

对德性的强调是周代文化的一个典型特征。周代礼乐文化价值理性色彩极强，具有强烈的政治性、伦理性。礼乐文化凸显的不是“神人以和”的人神关系，而是一种以“尊尊亲亲”为价值目标的人与人之间的互文性关系。礼乐文化作为周代主要的国家意识形态，成为了人们自觉的审美追求。到了春秋战国时期，儒家更提出了“美善相乐”的审美主张。如《论语·里仁》篇里孔子说：“里仁为美”，强调美的德性内核。孟子说：“可欲之谓善，有诸己之谓信，充实之为美，充实而有光辉之谓大，大而化之之谓圣，圣而不可知之谓神。”（《孟子·尽心下》）。战国时期的荀子也说：“不全不粹之不足以为美也。”（《劝学》）“全”和“粹”都是对道德标准的一种自觉追求，要求人们学不偏废，不遗小节，摒弃杂学，一以贯之于道，如此才能达到儒家所说的最高境界。由此看来，周代时期的确是一个道德至上的历史时期，人们的一切审美活动都失去了自身难以言说的独立性和自足性，与善之间保持着神秘的同一性关系。伦理道德的善成为审美活动的直接价值指向，而审美活动却成了道德之善的自我确证过程。一切审美活动，“无论是作为审美者还是审美对象，无论是审美的内涵还是审美的行为方式，无论是审美需求的合理性还是审美评价的依据与标准，这一切实际上都只能由伦理来定性”①。

① 彭亚非：《先秦审美观念研究》，语文出版社 1996 年版，第 111 页。

把美纳入伦理范畴，使美失去自身存在的独立性，使善成为人们现实生活中唯一有效的价值目标，并利用礼乐的审美效应来调动人们的向善之心，使道德关注成为审美关注，使人们的审美追求成为不自觉的道德自我完善，这是周代鲜明的时代特色。这种美善兼举、重善轻美的思想对当时的女性审美活动产生了深远的影响。先秦时期人们在对女性进行审美评价时，抑或女性在进行自我形塑时，往往不仅仅关注女性自身的形象美问题，而是把更多的目光投放在了女性的内在道德之上。不仅要求女性具有优柔温雅的美丽，如“手如柔荑，肤如凝脂，领如蝤蛴，齿如瓠犀。螓首蛾眉，巧笑倩兮，美目盼兮”，而且在道德上也对女性提出了很高要求，认为一个女性必须做到“三从四德”、温良恭俭，“夫有礼则柔顺听侍，夫无礼则恐惧自竦”（《荀子》）。最好丧失自我全部的意志和尊严，做到完全的利他主义，只有这样的女性才是真正的美。所以，周代特别是春秋时期人们这种对美的追求完全是道德中心主义的，完全丧失了唯美主义的气息，从而剥离了美的形式主义要素，使女性审美具有了浓厚的意识形态性。

在整个《左传》和《国语》中，关于女性形象的描写很多，但对她们的审美评判却基本上遵循着一个准则：对德的重视远远超过了对外在美貌的重视。由此，女性不仅是美的化身，更成为了道德的载体。一个女人倘若没有了道德观念的支撑，那么她在某种意义上就是不美的，甚至是罪恶的，充满了令人恐怖的毁灭的力量。

比如在《左传》中，关于夏姬的描写就很具有典范性，这也是作者用笔最力的一个女性。也许，在她身上，体现了作者关于道德的某种思考。夏姬本来是郑穆公之女、陈大夫御叔之妻，但却因为其状美好无匹，公侯争之，孔宁、仪行父与陈灵公皆通于夏姬，三人经常“皆衷其日服以戏于朝”（《左传·宣公九年》）。大夫泄冶谏曰：“公卿宣淫，民无效焉，且闻不令，君其纳之。”公告二子，二子请杀之，公弗禁，遂杀泄冶。宣公十年，陈灵公与孔宁、仪行父饮酒于夏氏。公谓行父曰：“征舒似汝。”对曰：“亦似君。”征舒病之。公出，自其厩射而杀之。二子奔楚。第二年，楚庄王举兵诛征舒，见夏姬美好，欲纳之，被申公巫臣劝阻。后子反欲取之，也被巫臣劝阻："是不祥人也！是夭子蛮，杀御叔，杀灵侯，戮夏南，出孔、仪，丧陈国，何不祥如是?"于是子反就打消了这样的念头。后来，楚王以夏姬与连尹襄老，结果襄老死在邲，亡其尸。其子黑要竟然不顾夏姬是自己的长辈，通于她。巫臣见夏姬，谓曰："子归，我将聘汝。"及恭王即位，巫臣聘于齐，及郑，使人召夏姬而与之奔晋。子大夫反怨之，遂与子重灭巫臣之族而分其室。最后，夏姬华颜陨落何处，不得而知。从她命运悲苦的一生，我们可以看到夏姬仅仅因为花色美好，命运就像风中被大风肆意播弄的蒿蓬，任意飘转。她不仅因此丢失了丈夫、儿子的生命，而且也使自己身家性命难保。但夏姬最后在历史中的形象是什么呢?

在汉刘向所撰的《列女传》中，颂曰：

> 夏姬好美，灭国破臣。走二大夫，杀子之身。
> 殆误楚庄，败乱巫臣。子返悔惧，申公族分。

夏姬因为自身的美好，而使家国湮灭，这本来就是一个凄哀的人生悲剧。但在男性视野中，夏姬却被赋予了极其低劣的道德色彩。夏姬似乎以自身的命运悲剧向人们阐释了一个道理：倘若没有道德观念的支撑，女性所拥有的全部美丽本身就是一种不可饶恕的罪恶。

对德性的重视，成了无论男性还是女性进行一切思考包括审美活动的逻辑起点。关于此，康德在《论优美感和崇高感》这本书中对女性美也提出过类似观点。他认为，女性作为一个美丽的性别，必须具有很多的道德美感。首先，最重要的，就是女性必须"纯洁无瑕"。他这样说道："纯洁无瑕——它当然对于每一个人都是相宜的——在美丽的性别的身上就属于头等的德行，而且很难在她们的身上被提升得更高了。"其次，康德还认为一个美丽的女性必须谦逊得体。他说，"女性的这种高贵的品质——它正如我们已经指出过的，是必定不会使优美感不为人所知道的，——宣告它自己存在的最有意义而又确凿无疑的东西，就莫过于谦逊得体了，那是具有极大优越性的一种高贵的纯朴性和天真性。由此焕发出对别人的一种安详的友好和尊重，同时还结合着对自己的某种高贵的信心和一种合理的自尊，那在一个崇高的心灵状态中是总可以被人发现的。既然这种美妙的混合物，同时既以魅力吸引人而又以敬重感动人；所以它就使得所有其余的光辉品质都能有把握地抵御各种责难和讥讽的恶意攻击！有着这种心灵状态的人，也会有着一颗友好的心，那对于一个女性是永远都不可能被估计得足够的高（因为它是太罕见了），同时也不能不是极其有魅力的。”① 康德在论述了女性的这种种美德之后，才讲到一个美丽的女性还必须具有漂亮的外表。“那是一种比例匀称的体态、身裁合度、眼睛和面孔的颜色娴雅地相配合，是在花丛之中也会让人喜爱并会博得人们冷静的称赞的那种真纯的美。”

可见，即使在西方美学中，对女性美的审视依然是道德为第一性的。其实早在柏拉图时代，人们就已把有效性视为评判事物的唯一原则。柏拉图在他哲学体系的建构中，把美和善分属于两个不同的理念领域。但是，在他的哲学观念中，理念本身也是有等级的，神的地位最高，它创造了一切理念。美的理念作为次一等级的理念，它归属于最高的善的理念。柏拉图的美学思想影响了西方2000多年的历史，一直到康德时代，康德虽然把美的价值从一切价值体系中独立了出来，但是，在论及女性美的时候，他依然把美的理念附丽于善的理念之下，认为女性的德性美高于一切。

其实，无论男性还是女性，他们都一样具有审美观照的本能，进行审美活动的能力，以及由此而获得的审美快感。只不过由于女性在社会生活中主体身份的丧失，客体化身份的形成，所以女人才衍变成了男人生活中不自觉的虚幻镜像。男性通过自身来建构自我，通过异己的女性来反观自身，而女性身份以及自我意识的确立则必须要通过男性的意志才能实现，通过男性的文化才能进行自我建构。正是在这

① ［德］康德：《论优美感和崇高感》，何兆武译，商务印书馆2001年版，第36页。

种意义上，“男女两性从不同的方向上参与造美活动：女人主要是按照由男人主宰的社会的‘善’的标准自觉美化自己，男人则是在‘善’的现实规范中直接萌发了对‘美’的渴求”①。

二 先秦女性审美“尚德”的要则

在先秦女性的审美活动中，“重德轻色”现象十分明显。人们在对一个女性进行审美认知时，往往不仅是进行一种审美判断，更是进行一种价值判断，把女性才德之美和形貌之美相提并论。

总体来说，先秦女性尚德的要则主要有四个方面：

第一，贤淑仁惠。在先秦，由于“三从四德”观念已经出现，所以在女性审美上，贤淑仁惠的审美要求亦开始出现。

《诗经·周南·关雎》中的“窈窕淑女”就已经不仅有美的容貌，更有美的心灵，是两者的完美结合。就“窈窕”二字而言，总体是偏重指姿态的美。但马瑞辰《方言》中训“美心为窈，美状为窕”。而“淑”《说文》段注引《释诂》云：“善也。”《郑风·有女同车》中让男子难以忘却的孟姜，不仅颜如舜华，而且“洵美且都”、“德音不忘”，具有玉一样的纯洁美质。《周南·桃夭》中那位“桃之夭夭，灼灼其华”的姑娘，人们对她的最高希冀依然是希望她婚后“宜其室家”。

如果一个女性徒有倾国倾城的美貌，却不贤淑仁惠，那她一样会遭到人们的唾弃。齐宣姜本来嫁与卫庄公，但由于她淫乱公子顽，失事君子之道，所以虽然她“副笄六珈，委委佗佗，如山如河”，但国人依然发出“之子不淑，云如之何？”的愤懑之词。

第二，勤劳善良。先秦时期的人们还把勤劳善良作为对一个女子的审美评判标准。《诗经》中就描写了很多这样的女性，她们有的捕鱼（“毋逝我梁，毋发我笱”），有的砍柴（“伐其条枚，伐其条肆”），有的缝衣（“纠纠葛屦，可以履霜”。“掺掺女手，可以缝

① 李小江：《女性审美意识探微》，河南人民出版社1989年版，第39页。

裳。”），有的采桑（“彼汾一方，言采其桑”）。《诗经》中还有其他很多诗篇都是对劳动妇女的歌颂，如《绸缪》、《采蘩》、《葛覃》、《卷耳》、《汝坟》、《日月》、《凯风》以及《关雎》等。

这些诗歌都通过劳动场面的描写来突出女性诚实可信、温柔善良、勤勉谨慎的美好品质。如《卷耳》中“嗟我怀人”、思念丈夫的妇女，她一边采卷耳，一边无边地思念丈夫，因此根本无心劳动，“采采卷耳，不盈顷筐。嗟我怀人，置彼周行”。《卫风·氓》中的弃妇“三岁为妇，靡室劳矣。夙兴夜寐，靡有朝矣”，也着重刻画了她的勤劳不倦。

再以《诗经·国风·周南》为例：

采采芣苢，薄言采之。采采芣苢，薄言有之。采采芣苢，薄言掇之。采采芣苢，薄言捋之。采采芣苢，薄言袺之。采采芣苢，薄言襭之。

这首诗音节明快，读起来有金石之响，主要反映了先秦女性愉快的劳动场面。清人方玉润读到此诗时说：“读者试平心静气，涵泳此诗，恍听田家妇女，三三五五，于平原绣野，风和日丽中，群歌互答，余音袅袅，若远若近，忽断忽续，不知其情之何以移，而神之何以旷。”（《诗经原始》）其实不仅下层妇女劳动，就是鲁国的敬姜虽身贵为王室命妇也在劳作。

把勤劳善良作为女性审美的一个要则，在劳动场面中突出女性的美，这就使《诗经》中的思妇诗和后世的思妇诗有了明显不同。自魏晋以来的思妇诗，着重描写重重深宫中的宫怨、峨峨危楼中的闺怨，相对于《诗经》中的思妇诗，显然缺乏劳动场面的渲染。虽然也写得哀情婉转，令人断肠，但比起《诗经》中的爱情诗，终显得是无聊的余情。如金昌绪的《春怨》：

打起黄莺儿，莫教枝上啼。

啼时惊妾梦，不得到辽西。

再如王昌龄的《闺怨》：

闺中少妇不知愁，春日凝妆上翠楼。
忽见陌头杨柳色，悔叫夫婿觅封侯。

这两首诗作为后世思妇诗的代表，流露的显然是一种寂寞无聊的情绪。闺中少妇养尊处优，无所事事，处于清闺之中，当然有着无边的闲愁。诗歌不仅突出了她们的幽怨之情，而且写出了她们的奢华和慵懒。而《诗经》中的思妇诗却有着更动人的情致，她们勤敏劬劳，因此情感的滋生就显得特别真挚。当然，《诗经》思妇诗和后世思妇诗在审美表现上的不同，主要由于时代审美观念的变迁所致，说明了人们对女性美的观念并不是一成不变的。

第三，安贫乐道。甘于贫穷，不慕虚荣也是先秦时期女性德性美的重要内容之一。

先秦时期，人们的审美追求就已经有了明显的性别分野：男性可以汲汲于功名，追求如云之富贵；但女性必须做到清心寡欲，远离尘欲。所以，就先秦女性审美而言，安贫乐道亦被视为女性应该具有的审美趣味之一。

先秦女性这种审美趣味的形成与先秦时期文化的崇尚有关系。先秦时期，作为道家文化代表的老子就要求人们去私、去欲；儒家文化虽然整体来说追求一种“有为”之美，但也歆慕一种颜回之乐：“夫子有曲肱饮水之乐，颜回有陋巷箪瓢之乐，曾点有洛沂咏归之乐，曾参有履穿肘见、歌若金石之乐。”（罗大经《鹤林玉露》卷二）并且，儒家把它视为一种崇高的人生审美境界。

《卫风·氓》中那位弃妇自从嫁入夫家，便“三岁食贫”，但她不离不弃，甘于贫穷，并且“夙兴夜寐，靡有朝矣”。《邶风·谷风》中的弃妇在过去艰苦的日子里，也是“昔育恐育鞫，及尔颠覆”，从而表现出不畏贫穷的意志品格。

特别是刘向的《列女传》中，更有许多这样安贫乐道的女性。楚接舆妻、楚老莱妻和楚于陵子终妻，都是这方面的典范。在精神深处，她们都具有自我独立的意志、自由的品格，甘于安贫乐道、敝屣功名。在记载中，我们看到，与她们的丈夫相比，她们仿佛更是含华匿耀、濯濯然有遗世之志。当她们的丈夫面对繁华富贵的诱惑而不能自持时，正是从这些女性的心底滋生出一种更为坚强的力量，这种力量使她们坚守自我内心的道义，有力地抵御了一切外物的诱惑。不仅如此，她们还往往以自己的淡泊之心、栖霞之志明白晓谕丈夫，从而使之幡然醒悟，迷途知返，与自己一道乘桴浮于江海之上，避世于尘嚣之外。

我们先来看楚接舆妻。时时世纷乱，接舆躬耕山野以为食。楚王闻听其贤，使人持金百镒、车二驷往聘之，使之治淮南之土，接舆默然许之。其妻适从集市回来，看见门外轨迹深许，心中暗自疑惑。当回家闻听丈夫关于富贵的慨然陈辞“夫富贵者，人之所欲也，子何恶？我许之矣”，心中不悦道：“义士非礼不动，不为贫而易操，不为贱而改行。妾事先生，躬耕以为食，亲绩以为衣。食饱衣暖，据义而动，其乐亦自足矣。若受人重禄，乘人坚良，食人肥鲜，而将何以待之?”并接着说，“君使不从，非忠也。从之又违，非义也。不如去之”。正是在妻子的微言大义之下，接舆才去意已定。于是，“夫负釜甑，妻戴纫器，变名易姓而远徙，莫知所之”（刘向《列女传》卷二）。从接舆妻的故事我们可以看出，在物质功利面前，女性更能淡泊自守，怀道自晦。在她们身上，更具有撇弃尘俗、飘然出世的志意。

在《列女传》中，刘向还记述了老莱妻的故事。这个故事模式与接舆妻的故事模式相似。莱子逃世，耕于蒙山之阳，“葭墙蓬室，木床蓍席，衣缊食菽，垦山播种”。楚王闻其贤，亲驾至其门，许以守国之政，老莱子怦然心动，慨然相诺。适逢其妻戴畚莱挟薪樵而归，看到门外车轨迹深，暗自疑惑。闻听丈夫已为富贵折腰，不禁凛然变色道："妾闻之：可食以酒肉者可随以鞭捶，可授以官禄者可随以斧钺。今先生食人酒肉，受人官禄，为人所制也。能免于患乎？妾不能为人所制。"并投其畚莱而去。老莱子见妻子态度如此坚决，赶紧说："子还！吾为子更虑。"可妻子还是遂行不顾，至江南而止，曰："鸟兽之解毛，可绩而衣之。据其遗粒，足以食也。"老莱子乃随其妻子而居之（刘向《列女传》卷二）。老莱子作为先秦时期楚国著名的隐者，在人们以往的视界中，往往认为他是黄老学说的承袭者，而没有认识到正是一位无名的女性书写了他隐逸的人生。她以自己独立的意志、孤绝的姿态直行于世，惟南山是依。正是在她这种退身修德行为的感召下，老莱子才能决绝地独行于世。

楚于陵妻的故事也是如此。当楚王欲以穷困不堪的于陵子终为相，而于陵子终也心下有意时，他的妻子却正色曰："夫子织屦以为食，非与物无治也。左琴右书，乐亦在其中矣。夫结驷连骑，所安不过容膝。食方丈于前，甘不过一肉。今以容膝之安、一肉之味，而怀楚国之忧，其可乐乎？乱世多害，妾恐先生之不保命也。"于是"子终出，谢使者而不许也。遂相与逃而为人灌园"（刘向《列女传》卷二）。于陵子终妻可谓深悟小与大、死与生、穷与达、苦与乐的关系，她窥破了人生，看破了红尘，萧然有遗世之意。这种穷不苟食、唯物外游翔是务的品性和气质，可说是慨然不让须眉。

第四，恪守清贞。先秦时期，虽然人们的贞节观念还不是十分严格，"群婚"（《周礼》规定："仲春之月，令会男女，于是时也，奔者不禁。"）、烝、报现象经常发生，就是女子再嫁也很正常，但毕竟出现了以恪守清贞为美的审美倾向。《礼记·郊特性》曰："壹与之齐，终身不改。"显然是要求"从一而终"成为一种女性的美德。齐襄王时也有这样的谚语"忠臣不事二君，贞女不更二夫"，更说明了先秦时期女性贞节观念的萌芽。《诗经》中著名的诗篇如《鄘风·柏舟》、《唐风·葛生》、《周南·卷耳》、《王风·君子于役》、《召南·草虫》等篇都表现了这个主题。我们试看《鄘风·柏舟》：

泛彼柏舟，在彼中间，髧彼两髦，实维我仪，之死矢靡它。母也人只！不谅人只！

诗歌有力地表现了女子钟情“髧彼两髦”的少年，即使母亲极力反对，她也“之死矢靡它”，矢志不变。

《唐风·葛生》也表现了相同的主题。诗歌写一位妇女悼念她的丈夫：

葛生蒙楚，连蔓于野。予美亡此，谁与？独处。葛生蒙棘，连蔓于域。予美亡此，谁与？角枕粲兮，锦衾烂兮。予美亡此，谁与？独旦。独息。夏之日，冬之夜。百岁之后，归于其居。冬之夜，夏之日。百岁之后，归于其室。

女子在丈夫死后，一直坚贞如一、独守清闺，并希望死后能与亡夫相聚在黄泉，从而表现了冰清玉洁的精神气质。

其他如《国风·王风·大车》中女子有“谷则异室，死则同穴，谓予不信，有如皦日”的誓言，《卫风·伯兮》中的女子在丈夫出征后则“自伯之东，首如飞蓬。岂无膏沐，谁适为容?”，这都是女子清贞美的表现。

当然，像宋共公夫人伯姬、蔡人妻这样恪守贞节的事例就有些过分了。宋共公夫人伯姬，鲁女也。卫世子共伯早死，其妻姜氏守义。父母欲夺而嫁之，誓而不许，作《柏舟》之诗以见志。寡居三十五年。至景公时，伯姬之宫夜失火，左右曰：“夫人少避火。”伯姬曰：“妇人之义，保傅不具，夜不下堂。待保傅之来也。”保母至矣，傅母未至也。左右又曰：“夫人少避火。”伯姬不从，遂逮于火而死。而蔡人妻，宋人之女也。既嫁，而夫有恶疾，其母将再嫁之。女曰：“夫人之不幸也，奈何去之？适人之道，一与之醮，终身不改，不幸遇恶疾，彼无大故，又不遣妾，何以得去?”终不听。

从先秦典籍中记载的这些女性来看，她们都是以贞洁自守作为最高的审美规范的，同时也从侧面说明了清贞美在先秦时已经成为重要的德性美内容。相反，时人对那些背离妇道的女性则给予了严厉的谴责。如与公子顽通奸的宣姜、与齐襄公私通的文姜，《诗经》都给予了讽刺。如《鄘风·君子偕老》、《鄘风·墙有茨》、《鄘风·鹑之奔奔》、《卫风·相鼠》等诗歌都是讽刺宣姜的，而《齐风·南山》、《齐风·敝笱》则是谴责文姜的，《株林》是讽刺陈灵公和夏姬淫乱的。

第五，爱国爱家。爱国爱家、慨然不让须眉有时也是女性的一种德性美。无论在《诗经》中，还是在《左传》、《国语》、《战国策》中，都记载了很多这样的女性美德。最有名的就是《诗经·鄘风·载驰》了。

> 载驰载驱，归唁卫侯。驱马悠悠，言至于漕。大夫跋涉，我心则忧。既不我嘉，不能旋反。视而不臧，我思不远。既不我嘉，不能旋济。视而不臧，我思不閟。陟彼阿丘，言采其蝱。女子善怀，亦各有行。许人尤之，众樨且狂。我行其野，芃芃其麦。控于大邦，谁因谁极？大夫君子，无我有尤。百尔所思，不如我所之。

许穆夫人是卫国国君卫懿公之妹，嫁于许穆公。公元前660年，狄人入侵卫国，卫军惨败，懿公被杀。宋桓公把卫国七百多人救过黄河，安置于漕邑，并立戴公为君王。许穆夫人得知祖国覆亡的消息，极为悲痛，立即赶往漕邑慰问，并替卫国筹划向大国求援，但遭许国贵族大夫的反对，这首诗表现了许穆夫人对自己故国强烈的爱国热情，她那焦急如焚、载奔载驰的心情跃然纸上。

另外，《左传》中记载的秦穆姬和怀嬴夫人，也都是爱国的典范。秦穆姬本是晋献公的女儿，嫁给秦穆公为夫人。晋国遭遇骊姬之乱，诸公子逃亡在外，秦穆姬就促使秦穆公接纳了夷吾和重耳两位公子，并帮助他们回国。秦晋韩原之战，晋惠公夷吾被俘。为了促使秦穆公放回晋国国君，秦穆姬威逼之曰：“上天降灾，使我两君匪以玉帛相见，而以兴戎。若晋君朝以入，则婢子夕以死；夕以入，则朝以死。唯君裁之。”逼得秦穆公只好把夷吾安置在周朝的故宫灵台，并最终放回了晋国。

晋国的怀嬴夫人，在秦晋崤之战后，她利用自己国君母亲的身份，使晋襄公放走了被俘获的三位秦军统帅。

这些例子都表现了先秦女性深切的爱国情怀。

而《邶风·泉水》、《卫风·竹竿》、《周南·桃夭》、《周南·螽斯》这些诗歌又表明了先秦女性刻骨铭心的爱家情感。她们或者远居他方，思情悠悠，“岂不尔思？远莫致之”；或者新入夫家，希冀家庭和睦、家族兴盛，“宜尔子孙，绳绳兮”。

第三节 阴柔之趣

在先秦，阴柔美作为一种与男性阳刚美相对立的审美范畴，是女性审美的最高旨趣。它不仅是男性欣赏女性美的一个基本原则，而且也逐渐内化为女性自我形塑的最高范式。

一 阴柔美的特点及文化成因

作为中国古典美学中一个重要的美学范畴，阴柔美是先秦男性文化塑造和想象的结果。

作为一个具有重要性别意义的审美范畴，它负阴抱阳，致虚守静，在审美取向上推崇一种闲雅淑静、幽柔澹泊、纤弱柔媚、温柔和顺的美，并以闲和雅作为特点，把静和柔作为根本。在审美色彩上，这种美崇尚一种幽玄的气质，趋向于一种晦暗模糊的审美价值取向，黑暗是它歌颂的目标，而光明则是它诅咒的对象。在审美观念上，它标榜一种以模糊、断裂、幻觉、零碎、犹豫、情感、想象、感受等作为表达特点的审美观念，把感性作为审美的核心，从而有意识地压抑和摒斥一种客观、冷静、机械、面无表情的理性。

弥漫的夜色、黑暗的梦幻、飞翔的情感、犹豫的表达、温热的欲望以及断裂的思绪，所有这些，都正是阴柔美的美学特征。这种美学高扬生命，贬斥理性，在本质上是一种充满了温热的生命气息的感性身体美学，是一种在黑暗的无意识大陆上穿行的美学。

显然，阴柔美作为一种与女性生命具有同质同构关系的美，是相对于以男性阳刚美为审美特质的美而言的。

一般来说，阳刚美作为男性审美的理想范式，首先，在价值本原上它标榜一种理性主义原则，推崇一种客观理性的审美价值观念，认为这才是美的最高境界和终极理想，从而排斥感性审美。因为阳刚美认为感性审美是一种负面审美，是次一等级的审美价值。表现在审美追求上，他们竭力弘扬一种理性的、和谐的、连贯的、以整体性作为目标的审美表达，并把它作为一种完美的古典审美范式加以崇拜。同时，它彰显一种高尚典雅的精神，而对人类的肉体进行冷酷的放逐。在人类清醒的意识层面上游戏，是它的根本特质。这是一种脱离了肉体凡胎的精神美学，是一种在美的思想园囿中舞蹈的美学。所以，阳刚美的首要特点往往便展现为一种理性的庞大力量，显得冷静、克制，具有坚毅不拔、桀骜不驯的内在特点。其次，由于这种美崇尚一种“大”美，所以表现在外在审美特征上，它显得雄伟豪放、宏大有力、遒劲激越。再者，作为男性美的外在表征，阳刚美充满了一种至大至刚的浩然正气：一方面它有着勇毅进取的狂狷之气；一方面又有杀身成仁、舍生取义的勇毅之节；相对于女性的保守内敛，它还有着“如欲平治天下，舍我其谁”的自负自信。所以，就本质而言，阳刚美体现的是男性实践主体的精神意志和价值追求。

阴柔美作为与男性阳刚美相对立的审美范畴，就其本质而言，由于在本源意义上它是先秦男性文化窥视的结果，所以在很大的程度上阴柔美就满足了先秦男性对女性美学上的窥视欲望。换句话说，由于阴柔美是先秦男性根据自己的体验、理解、欲求对女性创造出来的虚幻镜像，所以，阴柔美在一定的程度上，就是男性审美消费的对象，它没有自己的文化想象，没有自己关于美的言说，几乎完全按照男性的审美标准来建构自己。所以，作为一种被男性凝视的美，就本质而言，阴柔美是一种审美主体缺席的美，是一种只有审美客体在场的美，在审美关系上也是一种单向度的审美关系。

在审美渊源上，阴柔美作为阴性文化的表征，它不仅仅是男权文化的产物，而且也是道家文化影响的结果。虽然一般说来，历史实践上是先有女性文化，后有道家智慧，但事实上，诞生于春秋末、战国初的道家文化反过来又对先秦女性审美趣味的形成起了极大的制约作用。道家文化作为一种主阴文化，老子把“道”作为宇宙万物的终极本原，并认为“道”在本质上就是生殖力极强的女性。“谷神不死，是谓玄牝。玄化之门，是谓天地根。绵绵若存，用之不勤。”（《道德经》）《说文解字》释“牝”为“畜母”。郭沫若在《甲骨文字研究》中说“且、匕”是“牡、牝”的初字，认为“且”是男根的象形文字，而“匕”则是女阴的象形文字。美国学者爱德华·赫伯特于1960年发表《道教笔记》（*A Taoist Notebook*）一书，把老子的“道”概念和西方神话学以及宗教史学中的“大母神”（the Great Mother）概念做了比较分析，认为“道”是原始母神的一种隐喻表达①。由此看来，老子的道家文化本质上是一种女性文化。老子崇尚虚柔静寂，认为虚静作为道的根本特性，是宇宙万物存在的最本真面貌，是女性文化最突出的审美特征。“止虚极，守静笃。万物并作，吾以观复”，道出了老子对道的根本理解。老子常常虚、静并提，对此，王弼注曰：“言致虚，物之静笃，守静物之真正也。（万物）动作生长。以虚静观其反复，凡有起于虚，动起于静。故万物并动作卒复归于虚静，是物之极笃。”王弼把老子的虚静观阐释得细致入微，认为人生也应该守虚持静，去掉轻狂。在其他处，老子也同样表达了他对虚静的看法，“重为轻根，静为躁君。是以君子终日行不离辎重。虽有荣观，燕处超然”。就是说唯有静、虚之人格，方能超然物外，自乐无忧。“静胜躁，寒胜热。清静为天下正”，是说静可复苏万物，

---

① 李素平：《女神·女丹·女道》，宗教文化出版社2004年版，第16页。

使天下生机长久；“我无为，而民自化；我好静，而民自正”，是说静能达到不言而教天下的效果；“不欲以静，天下将自正”，是说静可以去欲，使天下自正；“牝常以静胜牡，以静为下”是讲女性以静却克胜了强大的男性①。道家学说强调的这种虚静卑柔对女性阴柔美审美趣味的形成具有重要意义。

由此可见，阴柔美作为女性审美趣味的一个重要内容，它并不是女性生命的一种自然属性，而是社会文化建构的产物。

二　先秦女性阴柔审美趣味发生的历史背景

就先秦女性审美趣味来说，远古时期，由于母系制社会的存在，女性的生命力是张扬的。这个时期由于实行大母神崇拜，所以在审美上，女性在精神上崇尚一种坚忍不拔、刚强有力的气概，在外在形体上崇尚“以肥硕为美”、而视瘦弱为丑。例如1983年在辽宁牛河梁红山文化“女神庙”中发现的女性雕像，都突出了丰乳肥臀的史前维纳斯特征。从这些雕像上看，这些女性雕像的目光是坦然的，面对这个世界，她们内心没有疑惧，相反，充满了大母神所特有的乐观和自信，因为她坚信：是她创生了这个男人和女人存身的世界。所以，在这个属于女人的世界上，她的姿态是美学的，充满了骄傲的意味，没有丝毫的羞涩。正像叶舒宪所说：“后代人所激赏的女性美特征——婀娜与苗条，在我们的原始祖先眼中也许毫无意义，甚至是美的反面，因为按照原始信仰，肥胖丰硕才是生命力旺盛的标志，生殖和丰产的表征。瘦与弱是同义词，是病态的、不美的。无怪乎汉字中的‘瘦’‘瘠’等字都从‘疒’旁会意，造字祖先们的价值观念明显保留着原始思想的原型。”②

但到了商周父权制时代的男性文化时代，大母神的地位不可避免地衰落，从而被男性英雄所取代，这个时期女性的审美趣味也相应发

① 齐小刚：《老子学说中的阴柔美》，《内江师范学院学报》2006年第1期。
② 叶舒宪：《高唐神女与维纳斯》，中国社会科学出版社1997年版，第13—15页。

生了极大的变异：由原来的明朗开始走向幽隐，由质朴奔放走向沉静优雅。比如甲骨文中的“女”字，是个象形的女子，双手交叉在胸前。清人桂馥在其《说文解字义证》中引王育之说，如此解释交叉的双手：“盖象其掩敛自守之状。”的确，商周时期，由于父权制文化的逐步建立，女性的社会地位相比原始社会的母系氏族时期已经大大降低，所以这时表现在审美意识领域，人们就要求女性放弃一种刚健的、洋溢着蓬勃生命力的精神美，而追求一种较为封闭的、自守的、温雅的美。当然，这种女性审美趣味还保持着一种原始社会的气息。

西周、春秋时期，女性的审美趣味虽然已经开始趋向内敛，但基本上还是健康自然的。我们看到产生于这个时期的《诗经》中的女性，由于受到礼教濡染较少，还比较气质单纯，浑然朴实：既在形体上以丰硕高大为美，又在情感的表达上真率自然，缺少虚伪藻饰。

而到了战国时期，先秦女性在审美趣味上就自觉地趋向于以阴柔美为极致。具体表现在女性形体美上，主张以纤弱为美；表现在精神气质上，追求以卑弱阴柔为美；表现在情感诉求上，更加走向内敛含蓄。

这主要是因为战国时期男权文化变本加厉地压制女性所致。西周时期周公虽然开始制礼作乐，但毕竟处于初创阶段，对女性影响不致深远。春秋时期则是礼崩乐坏，封建礼教更谈不上对女性身心的巨大束缚。但到了战国时期，以儒、墨、法为代表的男权文化逐渐走向成熟，开始在意识层面对女性审美形成影响。首先，以孟子、荀子为代表的儒家文化开始逐渐抛弃孔子儒学“柔仁”的特质，走向重礼法刑罚。孟子直接提出了充满阳刚意味的“配义与道”的养气说，荀子的思想更是严厉的法家文化的萌芽。战国时期法家文化代表韩非子在《六反》中曾提及当时的一个社会普遍现象：“产男则相贺，产女则杀之。”成书于战国时期的《周礼》、《礼记》等更对女性做出种种限制。

《周礼·天官·冢宰》规定：“九嫔掌妇学之法，以教九御妇德、妇言、妇容、妇功，各帅其属而以时御叙于王所。”《礼记·昏义》曰：“古者妇人先嫁三月，祖庙未毁，教于公宫，祖庙既毁，教于宗室。教以妇德，妇言，妇容，妇功。教成祭之，牲用鱼，芼之以苹藻，所以成妇顺也。”《礼记·郊特牲》亦有训曰：“男帅女，女从男，夫妇之义，由此始也。妇人，从人者也。幼从父兄，嫁从夫，夫死从子。”可见，“三从四德”观念早在战国时期已经出现，作为一种比较成熟的男性文化，“四德”本来是周王室妇学的四项基本内容，后来又逐渐地下移，扩展到贵族女性和下层妇女。它像一柄悬垂的利剑，横亘在每个先秦女性的头上，逼使她们无奈地顺服。它对女性提出种种现实的审美要求，要求女性以卑弱柔顺为要旨。

《礼记·内则》就从现实可操作的层面上提出了妇顺的种种规定：

> 子妇孝者敬者，父母舅姑之命，勿逆勿怠。若饮食之，虽不耆，必尝而待。加之衣服，虽不欲，必服而待。加之事，人待之，已虽弗欲，姑与之而姑使之，而后复之。子妇有勤劳之事，虽甚爱之，姑纵之，而宁数休之。子妇未孝未敬，勿庸疾怨，姑教之，若不可教，而后怒之。不可怒，子放妇出，而不表礼焉。

这里的妇顺，不仅强调女性对丈夫的顺从，而且对公婆也要无原则地听从，总之，做一个完全失去自我意志的人，是女性最好的选择。由此看，“驯顺雅静”是先秦时期男性社会对女性的最高道德要求。

把女性变成衣服花边一样的装饰品，使她们永远丧失自我的意志和追求，温顺地匍匐在男性的脚下，是男性社会最基本的社会理想。而女性只有在与男性的相互关系中，生命意义才能得到最终的根本阐释。女性这种在男性眼中的他者形象对女性审美产生了深刻影响，使先秦女性在审美趋向上逐渐走向以阴柔美为极致，从而与以男性为表征的阳刚美形成了相互对立又相互统一的关系。

阴柔美不仅是男性观望女性时的审美目光，而且也逐渐内化为女性自我审美的生命欲求。在阴柔美上，铭刻着男人的印记，有着男人的呼吸，它最大限度地释放着男人生命的欲望。就这个意义来说，它与标榜男性美学的阳刚美是一枚钱币的两面，在本质上具有同一性关系。

阴柔美作为一种审美趣味虽然成熟于战国，但它无论对先秦女性还是对后世中国女性审美都产生了深刻影响，是先秦女性主要的审美趣味之一。

三 先秦女性审美“尚柔”的要则

那么，在先秦，女性趋尚阴柔的审美趣味主要表现为几个方面呢？

第一，含蓄蕴藉。

自先秦时起，人们就对女性的气质做出了含蓄蕴藉的审美期待。这种审美趣味要求女性藏锋敛芒，含而不露，反对发扬蹈厉，筋骨毕露。在声气上，要求女性不能过高，高则狂怪而失柔婉之意；在情感上，要求女性不能太露，太露则直突而无深长之味；在气质上，要求女性不能太俗，太俗则不雅而有村野之气。总之，要求女性含蓄温柔，雍容不迫，从而具有一种绵远悠长、婉曲而不露的美感。

在先秦时，这种对女性的审美要求本来具有一种道德指向的原始意义，后来才逐渐衍化为一种对女性的审美旨趣。在《诗经》时代，对女性的这种审美期待其实已经初见端倪，如《秦风·蒹葭》中的那位隐然可爱的伊人，就含蓄蕴藉，悄然隐藏在一片苍蒙的山水烟雾之中。而《周南·关雎》中那位让男子“寤寐思服”的窈窕淑女，诗人也婉转地写出了她娴静含蓄的性格特点。

到了战国时期，女性这种含蓄蕴藉的审美趣味就更明显了。表现在文学作品中，战国时期的女性都呈现出一种深情幽怨、含蓄不露的气质特点。《湘夫人》、《山鬼》、《少司命》、《高唐赋》及《神女赋》等都表现了这个特点。

下面我们以《九歌·山鬼》为例试加分析。

> 若有人兮山之阿，被薜荔兮带女萝。既含睇兮又宜笑，子慕予兮善窈窕。乘赤豹兮从文狸，辛夷车兮结桂旗。被石兰兮带杜衡，折芳馨兮遗所思。余处幽篁兮终不见天，路险难兮独後来。表独立兮山之上，云容容兮而在下。杳冥冥兮羌昼晦，东风飘兮神灵雨。留灵修兮憺忘归，岁既晏兮孰华予？采三秀兮於山间，石磊磊兮葛曼曼。怨公子兮怅忘归，君思我兮不得閒。山中人兮芳杜若，饮石泉兮荫松柏。君思我兮然疑作。雷填填兮雨冥冥，猨啾啾兮又夜鸣。风飒飒兮木萧萧，思公子兮徒离忧。

这首诗把山鬼愁怨难抑的心理微妙地写了出来，可谓是写尽了女性的绸缪婉转之态，幽怨怅惘之气。诗中的女子怅望情人未至，自然心中怨愁几许，但她并没有像《诗经》中的女子那样径直露骨地把自己内心的情愫无遮拦地表现出来，而是显得含蓄蕴藉，有暧暧之致。

其实何止《山鬼》如此？《高唐赋》依然。诗人通过借助写巫山的巉岩峻壁、㥫慄惨凄，朝云的“忽兮改容”、瞬息变幻，间接写出了高唐神女情遥神远的神态。

另外，我们从先秦女性的服饰特点上也可以间接看出她们含蓄蕴藉的性格特点。从现有出土的帛画及文献记载看，先秦时期特别在战国时代，女性的装束一般都是高髻广袖，长袍曳地的，这样的装束再加上她们的小腰秀颈，峨眉联娟，整个人就显得缥缈远逸，蕴藉风流。

第二，气质幽柔。

先秦时期，特别到了战国时代，女性的审美趣味更加优柔晦暗。在审美精神取向上，女性更加偏向一种玄冥、幽然、晦暗的审美格调，从而和男性明亮热烈的审美追求明显区别开来。屈原《离骚》中的女性充满了幽怨哀伤的气息，而宋玉笔下荡人心魄的高唐神女，更给人一种玄冥难测的感觉，更遑论《离骚》中的女鬼、少司命、湘夫人了。

其实，对于女性幽静趣味的要求早在《诗经》时代已经出现，只不过那时还不是一种强制性的文化规范。《诗经》中的《邶风·静女》、《陈风·月出》以及《秦风·蒹葭》等都在一定程度上表示了周人对女性美的审美品味。如《陈风·月出》中那位令恋人“幽思牢愁，固结莫解”的月下美人，就是一个“佼人僚兮，舒窈纠兮”的女子；《邶风·静女》中那位“静女其姝”，“静女其娈”的女子，也具有幽闲的品格；而《蒹葭》更突出了女子若隐若现、有若幽兰的气质。

到战国时期，人们更崇尚女性“志解泰而体闲”的性格气质。在《神女赋》中，宋玉反复笔墨，具体描写了神女幽静澹泊的性格特点。那位神女“既于幽静兮，又婆娑乎人间”；既“素质干之实兮”，又“志解泰而体闲”；既“奋长袖以正衽兮”，又“澹清静其兮，性沉详而不烦。……意似近而既远兮，若将来而复旋”。

屈原、宋玉的赋一般都作于战国中晚期以后，所以他们的赋作中所描写的女性，都在一定程度上代表了那个时期女性审美的趣味特点。

第四节 先秦女性审美趣味的影响因素

总体来看，先秦女性审美趣味有一个动态的历史变迁过程，从远古至春秋时期的健康明朗到战国时期的幽暗柔媚。先秦女性这一审美趣味的变异对后世中国女性审美趣味的形成起了重大的影响作用，直至今天，我们依然不可避免地深受这个审美趣味的制约。

那么，先秦女性这种审美趣味的形成究竟有哪些因素制约呢？我们试从以下四个方面来谈一下。

一 性意识对先秦女性审美趣味的影响

性意识是人类自我意识的一部分，作为人类意识结构中的黑暗大陆，作为被现实原则压抑的对象，性意识由于自身强大的破坏能量而得到世人强力的压制。正像福柯所说的那样，性除了严肃的功利性的繁殖任务外，几乎完全被权力意志压抑了。但性意识由于利比多的巨大能量，它无论对人的现实生活，还是人的性格结构，或者文明的构成，都具有难以言说的影响意义。

弗洛伊德认为，性意识（或者利比多精神）是构成人类一切绚烂文明形式的内在动力，它的升华表演为人类的诗歌、戏剧及其他艺术形式的出现提供了最大程度的契机。关于性意识，马尔库塞则提出文明始创于社会对人的爱欲本能（即性意识）的压抑或克制的主张。在《爱欲与文明》一书中，他明确指出："人的历史就是人被压抑的历史。文化不仅压制了人的社会生存，还压制了人的生物生存；不仅压制了人的一般方面，还压制了人的本能结构。但这样的压制恰恰是进步的前提。人的各种基本本能，如果有追求其自然目标的自由，就不可能发生任何持久的结合或保存，因为它们甚至刚刚开始结合，便开始分离了。未加控制的爱欲，同其对立面死亡本能一样，是命运攸关的。本能之所以有破坏力量，是因为它们无时不在追求一种为文化所不能给予的满足。因此，必须使本能偏离其目标，抑制其目的的实现。人的首要目标是各种需要的完全满足，而文明则是以彻底抛弃这个目标为出发点的。"①

无论弗洛伊德，还是马尔库塞，他们都强调性意识对人类文明的促进作用。其实，性意识不仅对人类文明，而且对人类的审美意识、特别是对女性审美意识具有重要影响。柏拉图在《会饮篇》中曾极其明确地赞美精神关系具有的性的起源和实质。在第俄提玛看来，爱欲驱使人们从对某个美的事物的欲望发展成对另一个美的事物的欲望，并最后发展成对所有美的事物的欲望，因为"一个事物的美与另一个事物的美是类似的"，因此"看不到每个事物的美的统一性"乃

① ［美］赫伯特·马尔库塞：《爱欲与文明》，黄勇、薛民译，上海译文出版社 1987 年版，第 3 页。

是愚蠢的。正是从这种真正多形态的性欲中，产生了对使被欲求物充满生气的东西（精神及其表现）的欲望。在爱欲的实现中，从对个人肉体的爱到对其他人的肉体的爱，再到对美的作品和消遣的爱，最后到对美的知识的爱，乃是一个完整的上升路线①。

而性意识对先秦女性审美趣味的影响作用如何呢?

就理论来讲，性意识的自我体察是人类性别意识觉醒的前提，也是促使女性建立自我独特的女性气质的重要原因。虽然社会性别理论完全拒绝生理因素对女性气质的塑造作用，但我们不能因此否认性意识对女性气质形成的影响作用，弗洛伊德甚至直接肯定美感是从人类的性意识延伸而来。正是基于对性意识的深刻体察，先秦女性不仅对自我气质有所审美期待，而且对男性气质也有所审美期待。就这个意义讲，先秦女性气质和特殊审美趣味的形成有着性意识因素的重要参与。

春秋时期的孔子曾发出过这样的浩叹："吾未见好德如好色者也。"战国时期的孟子也说过："食色，性也。"《礼记·礼运》云："饮食男女，人至大欲存也。"说明性本能作为人类自然的基本生存欲望，具有坚不可摧的力量，它和食欲一样，构成了人类言说的两大基本主题。但儒家对于性意识的态度是微妙的，它通过概念转换的办法，把性意识=色=女性=审美对象，从而实现了女性成为审美客体的地位。在先秦，女性作为性意识的象征，确是一种可以像五音、五味、五色一样的审美对象被男人审美消费，这种消费方式主要通过欣赏女乐的形式体现出来。儒家这种通过把性意识对象化，不仅实现了女性的审美化，也从而对先秦女性以阴柔为美的审美趣味的形成具有重要意义。

和儒家不同，道家对性意识基本上采取了"去欲"手段，它鼓励人们通过"坐斋"、"心忘"的形式，忘功、忘己，从而达到超越形

① ［美］赫伯特·马尔库塞：《爱欲与文明》，黄勇、薛民译，上海译文出版社1987年版，第154页。

体、摒弃欲望、与物神游的境界。虽然如此，道家文化特别是老子由于深刻体认到性意识、女性意识的重要性，所以要求人们“守雌致柔”。道家文化对性意识的这种态度深刻影响了先秦女性的审美趣味，使先秦女性在某种程度上表现出对阴柔之美的执守。

而在《周易》中，性意识更是文本言语阐释和逻辑演绎的根本出发点。周予同先生早就指出，《周易》中的阴爻“- -”和阳爻“—”分别就是女性生殖器和男性生殖器的表征符号。《周易》在根本上就是以坤卦和乾卦立象，进行对自然和人生预言性解释的。在《周易》中，基于二元对立统一的逻辑思考，天地万物根据性别角色被分为两类：阴性和阳性，而乾和坤则是它们对应的显性表现。在《周易》中，有这样的表述：“乾，天也，故称乎父。坤，地也，故称乎母。”“乾为天，为圜，为君，为父，为玉，为金，为冰，为大赤，为良马，……坤为地，为母，为布，为釜，为吝啬，为均，为子，母牛，为大舆，为文，……”根据《周易》阐述，我们得知，“乾”代表男性的、雄性的、凸出的、外显的等意义，“坤”代表女性的、雌性的、凹入的、内隐的等意义（仪平策先生语）。并且，《周易》又赋予了乾坤两性不同的价值属性，乾为动，为贵，为尊，为高，为刚；而坤为静，为贱，为卑，为低，为柔。“天尊地卑，乾坤定矣。卑高以陈，贵贱位也。动静有常，刚柔断矣。”这种二元式的思维模式把事物一分为二，认为事物只有各守其分，各正性命，不相僭越，才能大化流行，品物咸亨。

《周易》这种由性意识决定的性别意识对先秦女性审美趣味的形成具有深远意义，一般来说，人们认为“乾 = 阳性 = 男性 = 阳刚美；坤 = 阴性 = 女性 = 阴柔美”。女性由于性情卑顺而具有坤德，男性由于性情刚健而具有乾德，由此，女性以阴柔之美区别于刚健的乾德。

中国先秦时期，对于性意识与审美之间的因果逻辑关系，人们虽然没有从理论的层面给予具体明确的阐说，但人们显然已经隐秘地感受到了，模糊地意识到性意识的觉醒对于人们审美意识的产生具有极大的促进作用，特别是对女性审美趣味的形成更是起到了重要作用。

因为性意识所滋生的性别意识促使女性开始以一种有性的眼光来看待自然和社会，女性这种自我欲望的外在性投射本身就构成了一种迥异于男性的审美姿态。

通过以上分析，我们发现中国人在对待性意识与女性审美趣味之间的关系上，与西方人采取的美学姿态有很多相似之处。

在西方，人们普遍认为，美的观念的产生同性意识的产生之间有着密切的关系。在古希腊神话中，女神阿弗洛狄特作为美与爱的化身，她不仅掌管着世间万事万物的美的形态，而且她还是一切性爱的主宰。而帕里斯王子在权力、荣誉、性美的诱惑面前，毫不犹豫地把金苹果投给了性美女神阿弗洛狄特。即使在柏拉图的哲学美学讨论中，关于美的理论也不是首先和诗歌及其他艺术理论的讨论联系在一起，而是像科林伍德所说的那样，它首先是涉及性爱的理论。在《艺术原理》中，科林伍德这样阐述道："如果回溯到希腊，我们将会发现，美和艺术之间毫无关系。关于美，柏拉图说了很多，他只是把该词的希腊语日常用法中所看到的种种含义加以系统化而已。在他看来，任何事物的美，实存在于那个事物之中并迫使我们赞赏、向往那一事物的那种性质，'美'是'爱'的真正对象。因此，在柏拉图那里，美的理论并不涉及诗的理论和任何其他艺术的理论；它首先是涉及性爱的理论。"① 这一点对后来的西方美学家影响深远。英国经验主义美学家博克曾这样表达自己对美的认知："我所谓美，是指物体中能引起爱或类似爱的情欲的某一性质。我把这个定义只局限于事物的纯然感性的性质。"②

而劳伦斯则以自己的审美实践言说着自我关于美的宣言。他这样说："其实，性和美是一回事，就像火焰和火是一回事一样。如果你憎恨性，你就是憎恨美。如果你爱上了有生命的美，你就是在敬重

① ［德］科林伍德：《艺术原理》，王至元、陈华中译，中国社会科学出版社 1985 年版，第 38 页。

② 朱光潜：《西方美学史》，人民文学出版社 1994 年版，第 666 页。

性。性和美是不可分割的，就像生命和意识那样。那些随性和美而来，从性和美之中升华的智慧就是直觉。”①

正是由于西方人对性意识采取的这种宽容态度，所以使西方女性在面对自身的秘密时没有表现出中国式的羞赧——在审美方面中国女性更加趋于内敛，从而形成了中国女性独特的审美趣味。

不管我们承认与否，美的概念的产生最初是和性爱联系在一起的，而不是像现代美学家说的那样，把美的概念和艺术的概念联系在一起，从而摒弃了对其他感性事物的美的感知。尽管这一点对先秦思想家来说，在思想层面上他们是谨慎的，但事实上，审美快感的最初由来却依然不可避免地和生理快感联系在一起，和性以及饮食联系在一起。虽然在中国，其实也就是自先秦起，人们自觉地大规模地发展了对饮食之美的哲学思考，就是至今依然有很多学者把中国“美”的最初思想渊源追溯到了“食”之美，认为中国美学思想不同于西方美学思想之初就在于中国的美学思想是从味觉发展而来，而西方美学思想则最早来源于性之美。但他们说法的真理性固然让人存疑——因为我想中国人最初在面对绚烂缤纷的世界时，包括女性面对异己的男性之美时，在他们由衷地发出浮士德之类“世界真美”的感叹时，不可能仅仅从一个感官的感觉出发，相反，他们既有味觉之美，更会有视听之美，触觉之美。

尽管中国先秦时期的思想家在进行哲学美学的玄思时，竭力避免性意识的参与，但实质上，从他们理论思考隐蔽着的逻辑起点看，依然有着性意识的重要参与。性意识的觉醒对先秦女性审美趣味的形成起到了重要作用，它促使女性在面对自我，面对世界，面对男性时，由最初对自我的“以肥硕为美”慢慢走向“以瘦弱为美”，由“以明朗为美”发展到“以幽阴为美”；对男性之美由西周、春秋时期的“美善合一”（外表健硕和内在道德力量的合一）发展到战国时期的“善即美”（唯有建功立业才可称为伟丈夫，美男子）。女性审美趣味

① ［英］D. H. 劳伦斯：《性与可爱》，姚暨荣译，花城出版社1998年版，第106页。

的这种历史变迁虽然是种种因素的合力，但不可否认的是，性意识的觉醒对性别之间审美趣味的形成起到了重要作用。

二 儒道哲学对先秦女性审美趣味的影响

先秦时期是一个诸子百家思想蜂拥的时期，在这样一个特殊的历史时期，它所形成的每一种哲学、美学、伦理思想都对后世起到了决定性的影响作用。当然，先秦文化哲学思想对先秦女性审美趣味的形成也不可避免地起到了重要作用。

首先，我们看儒家文化对先秦女性审美趣味的形成起到了哪些重要作用。儒家文化在根本上是一种以男性为本体的文化（关于这一点我们在下面会重点加以阐述），这种文化的根本目的就是建立一种以“尊尊亲亲”为仁礼核心要素的社会等级秩序模式，并在这种社会等级秩序模式的基础上建立一种“男尊女卑”、“男外女内”的社会角色模式。先秦时期“男尊女卑”、“男外女内”的社会角色模式在很大意义上造成了中国女性内敛式的审美趣味，隐默静守，温柔敦厚。关于这一点，孔子起到了重要的奠基作用，在《论语》中他不仅发出了“唯小人与女子难养也”的慨叹，而且更在《礼记》、《孝经》、《易经》等一系列儒家文本中阐述女性卑微，坤德“柔顺利贞”的观念。《易经》主要从哲学理论的层面对女性文化加以阐述，而《礼记》则从实践的层面对女性施以种种制约。其“非礼勿视，非礼勿听，非礼勿言，非礼勿动”的礼仪规范，“三纲五常”的思想制约，特别是儒家“温柔敦厚”式的美学理念，对先秦女性审美趣味的形成都起到了极大的规约作用，并以此成为先秦女性自我形塑的重要美学标准。所以春秋时期尽管有“仲春三月、奔者不禁”的社会风俗，但先秦时期的女性既没做到飘然出尘，也没走向放浪形骸，她们持守着一种根本的美学理念——温柔敦厚。这一点在《左传》、《战国策》、《国语》中的女性身上可以明显看到。特别是《国语》，塑造了一大批这样的女性形象。她们卑顺妇道，深明大义，充分践约了儒家文化塑造的女性审美精神。

其次，道家文化对先秦女性审美趣味的形成起到的作用也不可忽视，甚至是更为内在的。道家文化追求无为，追求虚静，追求柔弱，这些哲学美学主张对先秦女性审美趣味的影响至关重要。它造成了先秦女性虚弱静默、以“无”为美的理念和趣味，这种审美趣味不仅关注一种外在形体美的塑造，更注重一种内在精神气质、审美趣味的追求。以前论者多有所言，认为儒家文化外在地塑造了中国人敢为天下先的“有为”精神，而道家文化却内在地塑造了中国人甘为人后的“无为”精神，与其这样说，不如说儒家文化着意塑造的是男性的“有为”精神，而道家文化塑造的是女性的“无为”精神，因为在以后的中国人身上，的确体现出这两种价值倾向或者说审美倾向的性别分野。这种哲学精神的美学发展对后世中国人的精神影响从意义方面来说是难以言尽的。

三　男权意识对先秦女性审美趣味的影响

关于男权意识对先秦女性审美的影响，在上面其实已有阐述，在这里我们尝试做另一角度的言说。

我们讲男权意识的滋生不仅营造了私人领域与公众领域的分离，造成了男尊女卑的性别观念，更实现了审美原则的性别分野，审美趣味的历史大变迁。上古时期，人们的生活遵循着一种快乐原则，但到了西周时期，人们却逐渐按照现实原则生活；上古时期，人们的审美观念质朴无文，崇拜一种以大母神为原型的母亲崇拜，尊崇肥硕的母亲（因为她充满了旺盛的生殖力），但到了春秋战国时期，人们的审美视野却发生严重的偏向，转向瘦弱美丽的少女；上古时期，人们的美善观念是联系在一起的，但到了后来的春秋战国时期，人们的审美观念却发生严重变异，由原来的美善相乐逐渐走向美善分离，由原来的男女兼赏走向男以利为荣，女以貌为美，从而实现了审美的性别分野。

我们由此看来，男权意识的产生对中国审美意识的发展产生了多么重要的作用，也可以说，它有力地实现了中国先秦时期审美范式的转换，由原来的大母神生殖女神崇拜逐渐走向以高唐神女为表征的性爱女神崇拜。在两性审美关系中，由原来的两性互赏逐渐走向纯粹的对女性欣赏，女性转化为美的化身。而女性审美主体地位不可避免地衰落也使女性的审美视野逐渐走向狭窄，镜子成为女性孤芳自赏的介质，正像李小江所说："她需要通过镜子去确认自己的美的价值，从而来达到自我认同、自我表现。"① 从历史衍变的角度看，女性逐渐由原来的审美主体蜕变为被男人观赏的审美客体。

女性审美崇拜角色的转换令人意味深长，具有沉重的历史意味。大母神作为母亲美的象征，在原始时期，它本身是二元对立的统一，既是善良女神，在一定程度上又是邪恶女神，是善和恶两种元素的历史性融合。这一点可以在女娲身上看出——既创造了人类，又是职掌生杀大权、残害五类的死亡女神。所以母亲美在原始时期，她既是无意识的，黑暗的，模糊的，肥硕的，本我的，充满了生殖力的，奉行快乐原则的，是快感性生存的，是以欲望作为存在的本质的，是充满了幻梦式的艺术形式的，是内容美的，但同时又是令人恐怖的死亡子宫，是生与死的完美统一。

到了战国时期，原始大母神集善良女神与邪恶女神合于一身的状况由于男权文化的过度参与，从而造成了女性形象的分裂：天使和妖妇形象的出现。天使美主要在少女身上展开，它的出现代表着以意识、光明、清晰为表征，把逻各斯作为存在本质的男权意识的胜利。这个少女瘦弱，以性符号的形式出现，她按照现实原则生活，超我意识浓厚，是一种严重的压抑性生存。作为一种清醒的艺术形式，她以形式美的形式出现，好像一束优美的花朵在男人生命中渐次绽放。就本质而言，这样一种美的形象主要隐约地表达了男性内心深处对美不可抑制的渴望，虽然这种美在某种意义上是一种不真实的存在，只是男性欲望的完美表达。譬如《楚辞》以及《神女赋》、《高唐赋》、《登徒子好色赋》中的很多女性形象，如美丽的山鬼、高唐神女等，

① 李小江：《女性审美意识探微》，河南人民出版社 1989 年版，第 14 页。

都是那么得美奂绝伦，令人有惊艳之感。但通过仔细解读，我们会发现这些女性形象身上的肉体性色彩很浓，精神因素很少。寻求这些现象的内在原因，我们就会知道这隐秘地表达了男性内心的一种秘密理念：女性是“纯粹为了肉体本身代表肉体，她的身体不是被看做主观人格的放射，而是被看做深陷于内在性的一个物”①。由于被看做一个深陷于内在性的物，所以表面看来，少女式天使美虽然表达了男性的最高审美理想，而实际上作为一种对象性的存在，她们没有自我的自由意志，显得内敛、柔顺、无私。在本质上，这些女人是不真实的，只是一个美好但没有生命的对象。正像吉尔伯特和格巴说的那样：“不管她们变成了艺术对象还是圣徒，她们都回避着她们自己——活着她们自身的舒适，或自我愿望，或者两者兼而有之——这就是那些美丽的天使一样的妇女的最主要的行为，更确切地说，这种献祭注定她走向死亡和天堂。因为，无私不仅意味着高贵，还意味着死亡。”② 正因为如此，战国时期的文本中，天使式女性形象都是生活在诗人梦幻之中的女性。她们作为不真实的存在，在一个方面也表达了男性对顺从的、没有生命创造力的女性的欣赏。正像波伏娃在其《第二性》中指出的：“可以说，女人本质上就是男人的诗”；尽管并没有人告诉女人，她在她自己的眼中是否也是诗。

与天使美相应的是妖妇形象的出现。战国时期，随着男权意识的加强，古代休妻的所谓“七出”说开始出现（即无子、淫佚、不事舅姑、口舌、盗窃、妒忌、恶疾都在被男子休掉的理由），女祸观念也开始出现。其实，早在西周、春秋时期，《尚书》就有了“牝鸡无晨。牝鸡之晨，惟家之索。今商王受，惟妇言是用”及“内作色荒，外作禽荒”的说法，《汲冢周书》也比较早地把一些自然现象的变异和女性联系在一起：

---

① ［法］西蒙娜·德·波伏瓦：《第二性》，陶铁柱译，中国书籍出版社 1999 年版，第 184 页。

② 张岩冰：《女权主义文论》，山东教育出版社 1998 年版，第 66 页。

一、春分之日，元鸟不至：妇人不信。
二、清明又五日，虹不见：妇人苞乱。
三、立冬又五日，雉不入大水：国多淫妇。
四、小雪之日，冬虹不藏：妇不专一。
五、大寒之日，鸡不始乳：淫妇乱男。

特别是在《诗经》中，更有了贬抑女性的思想。《诗经·小雅·斯干》最后两章就说："乃生男子，载寝之床，载衣之裳，载弄之璋。其泣喤喤，朱芾斯皇，室家君王。""乃生女子，载寝之地，载衣之裼，载弄之瓦。无非无仪，唯酒食是议，无父母遗罹。"

但到了战国时期，"女人祸国"之说就已经颇为流行。在战国时期，末喜、妲己、褒姒等就已经成了女妖式的形象化身。这些恶魔式的女妖形象固然表达了男性对具有反抗性的女性的厌恶和恐惧，但另一方面也隐秘地表达了男性的内在秘密。"与女人保持消极关系可以使我们变得无限……同女人保持积极关系会使男人变得有限。"（克尔恺郭尔语）也就是说，"只要女人还是一种理念，只要男人通过她能看到他自己的超越，她就是不可或缺的；但她作为一种客观现实却是不吉利的，她存在于自身并为自身而存在"①。所以，女性恶魔形象的塑造在一定意义上也可以被看成是男性超越自我的一个负面参照物，因为正是通过被贬损女性形象，男性看到了自我光辉的一面。

男权意识对女性形象的这种分裂对现实生活中女性形象的塑造起到了重要作用。"男性通过把女人塑造成天使，表达了自己的审美理想，并将这一理想化的歪曲表现以话语的压抑形式加诸现实中的妇女，压制妇女的自由意志，在他们把女人引入艺术品的同时，以一种话语的形式压抑着日常生活中的女人，让女人自己也变成没有自由意志的艺术品；而对女性恶魔的诅咒，一方面表现出他们对女性创造力

---

① ［法］西蒙娜·德·波伏瓦：《第二性》，陶铁柱译，中国书籍出版社 1999 年版，第 218 页。

的厌恶，一方面也是对妇女创造力的明火执仗的贬损和压制。”① 由于男权意识对女性策略性的压抑，就使先秦女性经常处于一种严重的自卑状态，她们以低抑的审美姿态诉说着自我分裂、缺失、沉默的人生。这种审美姿态也决定了先秦女性审美趣味的幽暗性特征。

从上面分析我们看到，由于男权意识的参与，女性形象不仅发生了分裂，更为重要的是造成了先秦女性审美趣味的最终形成。

四　成年仪式对先秦女性审美趣味的影响

成年仪式其实是个体生命企图走出自然性束缚、寻求得到社会价值认可的外在表征符号。由于成年意味着个体必须在自我身上去掉过多的自然印记，而最大限度地接受社会文化的规约，所以在某种意义上，成人仪式也可以说是一个性别文化认同的过程，是个体生命寻求男性气质或女性气质、回归男性文化或女性文化、并通过象征性的文化符号系统来表达的礼仪。一般来说，成人仪式被人类学家称为“阙限状态”，含义是男孩必须要经历了情感的孤独、寂寞和恐惧，最后才能抵达成熟稳健，获得阳刚美。而女性则必须保有原始情感，经历男性文化设置的种种规范，才能最终获得社会的认可。

中国先秦时期，最重要的仪礼之一便是古代成年仪礼，这种成年仪礼主要是“冠礼”和“笄礼”。冠礼，是男子的成年仪礼；笄礼，即女子的成年仪礼。《礼记·内则》有“女子……十有五年而笄”。关于冠礼，《仪礼·曲礼》中有男子20岁将行冠礼的说法。特别是在《仪礼·士冠礼》中，对于成年礼仪更有比较详细的描述。男子二十而冠不仅仅意味着一个简单的成年仪式，而且更意味着一种心理的成熟，他不仅要在外在的行为规则上遵守文化规范，而且更重要的是实行一系列的精神裂变。他要勇敢地割断与母亲的天然脐带关系，脱离母亲所在的自然世界，而向作为文化表征的父亲走去。所以，男性的成人仪式不仅是与重新回到母亲子宫的生命冲动相抗衡，而且是要学

① 张岩冰：《女权主义文论》，山东教育出版社1998年版，第67页。

会精神的独立，在审美形式上建立一种外在的审美视点，使自己与世界的关系由亲和走向孤独。关于此，德国学者迪特里希·施万尼茨说："让男人成为男子汉的仪式：成人仪式。通过这种仪式，年轻的男人可以学会如何克服恐惧、绝望和惊吓等同男人本色不一致的情感。要想达到这个目的，男人首先必须在一定程度上降低对情感的敏感度，必须学会漠视自己的情感活动。要想做到这一点，最好的方法是排斥内心，将全部的注意力集中在外部世界上，由此而产生了排他的单一性。……男人喜欢关系清楚，内心世界朦胧的轮廓会让他们感到糊涂，朦胧的界限飘动不定。为了让它固定下来，男人必须在心中修筑一道堤坝。于是堤坝封死了他的内心世界，男人忘记了他的内心中还存在着一个内心世界。如果他把目光投向内心世界，内心世界的大坝就有溃堤的危险，情感的洪水就有可能把他淹没。他会变成一个孩子，或者变成一个女人，于是他会女性气十足。由于存在这些危险，所以男人已经习惯于漠视自己的内心世界。"①

相反的是，"女人虽然对外部世界也感兴趣，但是她的着眼点在外部世界对自己的内心世界会产生什么样的影响上。……她们充分享受内心世界的风云变幻"②。的确，先秦时期，女子及笄不仅意味着她可以婚丧嫁娶，更意味着她以后必须要遵守儒家文化制定的一系列社会规范，并且在最大的限度上把一系列的外在性礼仪规则内在化，成为根植于她内心深处的道德律令，甚至良知。所以，女性的这种成年仪式决定着她审美视点的初步建立，即内在性审美视点的建立。

相对来说，成年仪式对男性而言，意味着男性开始走出家庭的羁绊，走出自我的园囿，挣脱本我的脐带，而走向广阔的父性社会；并且更重要的是，意味着男性开始着眼于外在性审美视点的建立——摒绝情感、欲望，去除外在形式美的追求。而对女性而言，则意味着女

① ［德］迪特里希·施万尼茨：《男人》，刘海宁、郜世红译，重庆出版社2006年版，第89—90页。

② 同上书，第89页。

性开始拒绝社会的召唤，退缩到家庭生活的内部，根据男性的审美要求来营塑自我形象，并由此尝试一种内在性审美视点的建立——拒绝外在现实的诱惑，听从内心真实的召唤，浮游于内心情感的波涛。

所以，成年仪式礼对女性审美趣味的形成也具有非常重要的意义。它像一把锋利的剪刀，有力地割断了女性与社会的种种联系，使女性在男性营造的善与美的旋涡中营构自己的形象。

第四章　先秦女性审美的特殊方式

所谓审美方式，也就是指审美主体在对审美客体进行审美观照和价值判断时所形成的相对稳定的审美模式。作为人们进行审美活动时所使用的一种重要手段，审美方式总是以潜隐的方式沉淀在人们的集体无意识深处，从而制约着人们的审美取向。

关于审美方式，以前人们总是只关注中西方之间的差异与相同，而对性别之间的审美差异不予关注。其实，审美活动作为一种有着明显性差的感性活动，男女之间的审美方式存在着巨大差异。诚如里波韦兹基所说："鉴于女性的肉体总是被生殖力所掌握，因此总会存在与男性的差异。"的确，先秦女性由于自然生理、心理结构和社会文化的双重合力，表现出与男性不同的审美方式。

一般说来，在审美方式上，男性往往以"仰观俯察、远近往还"作为审美观照的典型方式。这种审美方式由于有着过多理性因素的参与，所以在根本上，它是以认识判断作为基础的，而不完全同于以愉悦作为根基的鉴赏判断。关于男性"仰观俯察"的审美方式，典籍中有着很多的记载。《周易·系辞下》中就说："古者包牺氏之王天下也，仰则观象于天，俯则观法于地，观鸟兽之文，与地之宜，近取诸身，远取诸物，于是始做八卦，以通神明之德，以类万物之情。"《荀子·解蔽》中也说："昔宾孟之蔽者，乱家是也。墨子蔽于用而不知文，宋子蔽于欲而不知得，慎子……仰观俯察，莫不皆然。是以至人知天地一指也，万物一马也，故浩然大宁，而天地万物各当其分，同于自得。"即使后来东晋时期的王羲之，在《兰亭序》里亦说：

“仰观宇宙之大，俯察品类之盛，所以游目骋怀，足以极视听之娱，信可乐也。”嵇康在《声无哀乐论》中亦曰：“俯仰自得，游心太玄。”由此可见，这种仰观俯察、观物取象、与物神游的审美方式在很大的意义上表明了男性在审美态度上的一种自信和宇宙情怀。

作为先秦时期的女性，由于受自身生理因素以及社会文化因素的制约，表现出独特的审美观照，她们十分重视直觉式的、整合式的、情感式的审美方式。

第一节　直觉式审美

审美直觉就是审美主体与审美客体猝然相遇时心中油然产生的一种审美活动。这种审美活动意味着审美主体在面对审美对象时，心中不假思索，不生分别，不审意义，不立名言，心中唯有那孤立绝缘的事物的形象或意象。就这个意义而言，审美直觉排斥了理性的过多参与，脱尽了意志和抽象的思考，而更关注审美对象与审美主体之间一种契合无间的情感愉悦关系。按照朱光潜先生的话说就是，“美感经验就是形象的直觉，美就是事物呈现形象于直觉时的特质”①，是“情趣的意象化”或“意象的情趣化”。意大利美学家克罗齐也认为审美就是人们一种直觉式的体验。他有这样一个著名的等式：“直觉 = 表现 = 艺术 = 美感 = 美。”

无论朱光潜还是克罗齐，他们都强调审美时的直觉把握方式。但从性别学的角度而言，比起男性在进行审美观照时更多理性的参与，更注重一种功利性目的的实现，女性的审美观照则更为纯粹，或者说，女性的审美更注重心觉、直觉力量的实现，重视康德所说的一种自由美的实现，而不太像男人一样，过多关注伦理、政治甚至感官欲望等依存美的实现。关于这一点，著名科学家卡普拉曾经说过这样的话：“在思维的领域里，阴是复杂的、女性的、直觉的思维，而阳则

① 朱光潜：《谈美书简二种》，上海文艺出版社 1999 年版，第 99 页。

是清晰的、男性的、理性的思维。”

关于男性与女性审美方式的不同，特别明显地表现在中国先秦时期人们的审美活动中。

孔子论美，首先注重把善作为一种道德理念的实现。他在《论语·八佾》中论《韶》时曰：“尽美矣，又尽善也”，而谈及《武乐》时则说：“尽美矣，未尽善也。”由此看，孔子把善的实现当作了最高的审美表达。正是因为孔子美学思想中内蕴的这种道德理念，所以也才有了孔子“里仁为美”的说法。孟子出于他的政治道德理想，在《尽心下》中道出“可欲之为善，有诸己之为信，充实之为美，充实而有光辉之谓大，大而化之之为圣，圣而不可知之为神”的审美观念。儒家作为男性文化的典型代表，它使人们在进行审美观照时所进行的审美判断在很大意义上来说是一种功利性很强的价值判断，它不仅仅重视审美过程自身的“凝神观照”，更重视审美的价值效应和功能作用。就这个意义上来说，儒家文化所代表的男性文化在进行审美判断时所获得的美就不是康德所说的纯粹意义上的美，而是一种依存美。所以，孔子乐于山水之中，不是沉湎于超然物外的审美境界，而是因为山水的“比德”作用。即使在面对美貌横生的佳人时，先秦男人也不是像古希腊男性一样可以对女性做一种沉静无欲的艺术静观，而是把美作为女色，从而沉浸于强烈的欲望之中。所以高唐神女在男人的心中不是作为纯粹的美的化身而存在，而是更多地作为了性的化身而出现。这种审美观念及审美方式表明了先秦男性审美的诸多特点，以致在面对审美对象时，男性和女性获得的审美感受是不同的。

《韩非子·说林上》中有这么一个故事：

> 杨子过于宋东之逆旅，有妾二人，其恶者贵，美者贱。杨子问其故，逆旅之父答曰：“美者自美，吾不知其美也；恶者自恶，吾不知其恶也。”杨子谓弟子曰：“行贤而去自贤之心，焉往而不美。”

韩非子讲这个故事本身也许是为了说明大美自化的道理，但我们从这个寓言故事中却看到了男女两性在面对美自身时，他们由于审美把握方式的不同，所获得的审美感受也是不同的。所以，这个故事从一个方面说明了男女两性在审美活动中存在性别差异的问题。

与儒家所代表的男性文化主张的功利性审美方式不同，道家文化作为女性审美文化的表征，主张对事物进行把握时要持一种超功利主义的态度，“绝圣弃智”、“绝仁弃义”、“绝巧弃利”，认为只有这样，才能无为而无不为也。这种对待事物无功利性的态度完全是一种审美态度的呈现。为了达到这样一种与万物齐一、大道同游的境界，道家文化还要求人们“涤除玄览”、“凝神不纷”，做到“朝彻”、“见独”、“心斋”、“坐忘”，主张人们“外其形骸，不拘于物”、“目与神遇”、“听之以气”、“兴与神会”、“游心于物之初”，认为只有这样，才能最终达到“目击道存”、“意静神王、若有神助”的最高境界，这种“作者得于心、览者会于意，殆难指陈以言也”的境界当然是一种愉悦的审美境界的获得。而前面所言的“涤除玄览”、“目与神遇”等，指的无非就是主体进入到审美直觉时所必需的一种审美心境以及进行审美直觉时所必需的一种审美方式。

道家文化我们以前就曾经讲过，它在根本上是一种女性文化的象征和表现。因为在《道德经》一书中，老子多次强调“玄牝”、“谷”、“水”等女性隐喻表象的重要性，强调“守雌致柔”、“致虚静、守静笃”的重要意义。道家文化在理论层面上所提倡的这种审美直觉方式，在一定意义上就是对现实生活中的女性审美方式的理论概括和总结。也许，正是因为现实生活中存在有这种审美实践，才有可能出现审美理论上的概括。那么，先秦女性直觉式审美主要表现在哪些方面呢？

一　内在感官式审美

英国新柏拉图主义者夏父兹博里和哈奇生提出了一种“内在感官

说”，认为在人的心灵深处存在着一种“第六感官”。这种感官作为一种先验性的存在，远远超越了视听等外在审美感官，它能够凭直觉去感受领悟世界内在的理智结构，获取凭概念、判断和推理也无法把握到的世界的真。他是这样论述他所谓的“内在感官”的：“眼睛一看到形状，耳朵一听到声音，就立刻认识到美、秀雅与和谐。行动一经察觉，人类的感动和情欲一经辨认出（它们大半是一经感觉到就可辨认出），也就由一种内在的眼睛分辨出什么是美好端正、可爱可赏的，什么是丑陋恶劣、可恶可鄙的。”① 从性别的角度讲，一般来说女性的这种审美直觉判断能力较男性要更强一些。《左传·昭公二十八年》记载：

> 叔向生子伯石，叔向之母视之。及堂，闻其号也，乃曰：“其声，豺狼之声，终灭羊舌氏之宗者，必是子也。”

这里，叔向之母羊叔姬但闻了婴儿啼号之声，便直觉其为不祥之物。事实证明，叔向之母的这种直觉判断能力是非常正确的。后来，果然是因为伯石灭了羊舌氏之族。

同样的记载还有《左传·襄公二十一年》曰：

> 叔向之母妒，叔虎之母美而不使见，叔向谏，其母曰：“深山大泽。实生龙蛇，彼美，余惧而生龙蛇以祸汝，我何爱焉？”使往侍寝，生叔虎。

《毛诗序》对叔向之母进行了道义上的批评：“夫人无妒忌之行，惠及贱妾，进御於君，知其命有贵贱，能尽其心矣。”又曰：“不妒忌则子孙众多矣。”且不论叔向之母行为的道德指向，仅从她把握事物的方式看，我们可以看出其有着直觉性的特点。当然，这里虽然有

① 朱光潜：《西方美学史》，人民文学出版社 1994 年版，第 213 页。

些迷信的色彩，但同时也从一个侧面证明了先秦女性直觉式思维的存在。后来果然如叔向之母所言，叔虎长大后虽然美而又有武力，但残暴无行，最后终于在襄公二十一年被韩宣子所杀。

《左传·成公二年》中还记载有羊叔姬预知夏叔姬必然是一个不祥之物，当她看到了夏叔姬后说："甚美必有甚恶。天钟美于是，将必是大有所败也。"后来，夏叔姬果然因为美貌不仅给自身，而且给陈国以及楚国带来重大祸患。这都在一个方面印证了羊叔姬的直觉性审美能力。

同样记载先秦女性具有直觉能力的还有楚武王夫人邓曼。《左传·庄公四年》记载曰：

> 四年春，王三月，楚武王荆尸，授师孑焉，以伐随，将齐，入告夫人邓曼曰："余心荡。"邓曼叹曰："王禄尽矣。盈而荡，天之道也。先君其知之矣，故临武事，将发大命，而荡王心焉。若师徒无亏，王薨于行，国之福也。"王遂行，卒于樠木之下。令尹斗祁、莫敖屈重除道、梁溠，营军临随。随人惧，行成。莫敖以王命入盟随侯，且请为会于汉汭，而还。济汉而后发丧。主纪侯不能下齐，以与纪季。夏，纪侯大去其国，违齐难也。

这些事例，都充分说明了先秦时期女性内在感官式审美的特点，从而表现了她们相对于男性来说迥异的审美方式。正是先秦女性的这种审美直觉能力不仅使其在先秦担任了女巫的角色，而且使其在艺术创作中体现出不同于男性的艺术特点，从而与男性以理性、政治、伦理色彩为特点的审美方式区别开来。

二　非逻辑性审美

再就审美直觉的性别特点而言，女性和男性相比更趋向于一种非逻辑性的感性审美方式。这种审美方式不重视审美过程中直线式的逻辑理性的参与，而是更重视审美观照中凝然不纷的物我同一。虽然就理论层面讲，非逻辑性乃人类审美之共性，但就性别意义上的审美取向而言，女性审美较缺少深沉的思想，更多情感的愉悦。

这一点我们可以从先秦男女两性不同的思想物质化形态来看。

就先秦男性来说，他们的思想痕迹不仅表现于诗歌、乐舞，更主要见于对伦理、政治、哲学、历史的过度关注。而伦理、政治、哲学以及历史等，都是一种逻辑性思维的外化，具有鲜明的物质实用主义色彩。

而先秦女性，她们为后世遗留下来的则唯有诗歌、乐舞、服饰等审美形态，而诗歌、乐舞、服饰，在根本上是一种以感性为主、有别于逻辑的审美形态，它缺少理性的过多参与，以情感作为诉求的中心，所以在本质上是一种感性审美。这种摒除了意志、实用、逻辑性的审美方式就是典型的直觉性审美。

第二节 整合式审美

关于整合式审美方式，过去人们往往比较关注它作为中国人特有的审美思维方式与西方的不同，但实际上，如果从性别学的角度看，整合式审美方式又是男女两性不同的审美分野之所在。

与直觉式审美重视对事物感性直觉的审美不同，整合式审美重视对审美对象的整体把握，不注重在审美活动中对事物进行条分缕析的分析。也就是说，整合式审美重视在审美活动中对完整凝一的审美意象的把握，反对如拆七尺宝塔般的乱琼碎玉式的美；重视对事物做一圆融浑然的整体观照，反对对事物做分裂式的静观；重视人与物、情与理的合一，反对它们之间的疏离。

整合式审美作为女性审美的重要方式，其实在原始上古时期就已经初见端倪。在上古大母神崇拜的时代，女性所表现出的审美意识就是以混沌整一为特点的。它不关注人人之间、物物之间的差异，而只重视一种整体的美感。这一点，在后来春秋末期老子以女性文化为主体的《道德经》中得到了完美体现。“道”作为老子哲学美学的精神本体，它是女性文化最完美的体现。作为最高的“一”，它是一种恍惚玄冥的东西。正像老子所说的那样，“道之为物，惟恍惟惚。惚兮恍兮，其中有象；恍兮惚兮，其中有物；窈兮冥兮，其中有精”（《道德经》第二十一章）。“有物混成，先天地生。寂兮廖兮，独立不改，周行而不殆。可以为天下母”（《道德经》第二十五章）。在这里，道是一种恍恍惚惚、难以名状的混沌性存在。并且，道作为整体性的“一”，“天得一以清，地得一以宁，神得一以灵，谷得一以盈，万物得一以生”。老子用隐喻的方式反复陈述了“道”作为混沌整一性的重要作用。《道德经》作为春秋时代上古女性文化的遗存，保留了很多上古女性审美文化的东西。由此，母系时代女性的审美意识作为一种集体无意识也深深沉淀在了先秦女性的内心深处，并一直延续到后来，从而致使后世女性在进行审美时与男性保持了一种明显的区别和差异。

当然，女性在审美方式上的这种整一性特点也与男性为中心的社会文化的控制有着紧密的关系。在父权制社会中，“男性从小就被社会教会与他人分离，谋求人格独立（第一步是在情感上与母亲分离），这些定势与性别认同紧密联系在一起，演变为‘男子汉’形象不可或缺的特质；而女性性别认同的实现并不取决于与他人在情感方面的分离，也不强调独立性，而注意与他人的情感联系”①。

所以，基于这种文化特点，男性与他人及事物之间保持的是一种分离主义，他竭力挣脱最初与母亲联结的脐带，走向个人主义的独立，这就在某种程度上造就了男性与世界分离的思维模式；而女性则由于与母亲生命本质的同一性，从而造成她与世界及他人之间保持了一种整体主义的关系，与外部物质世界有着千丝万缕的微妙联系。

所以，男性与世界的关系是以“异”、分离为特征的，而女性与世界的关系则以“和”、整体为特征。这种社会关系的确立对女性审

① ［美］卡罗·吉里根：《男性生命周期中的女性地位》，张元译，李银河主编《妇女：最漫长的革命》，生活·读书·新知三联书店 1997 年版，第 110 页。

美产生了重要影响，促进女性以一种整合式的目光来观照现实。

女性在审美上的这种整一性在审美上也是一种互文性的体现，使女性在进行审美活动时比较注意与外物之间的紧密联系。就这个意义上讲，女性审美时场域性较男性而言是比较强的。也就是说，在女性进行审美时，注意与场景之间的关系，与自然的密切合一，而反对进行一种孤立绝缘式的审美。这种状况就使得女性在进行审美时，往往把自身置于自然界的仪式化现场，以大自然的万象作为自己审美的仪式场域，将大自然的能量转化作为个人艺术创作的触媒。

一 与物隐喻互换

先秦女性的整合式审美，首先表现为在女性进行审美时，人与自然的合一，物我浑然不分。这种审美特点内化为女性的一种自我审美意识，具体体现在审美活动中，女性与植物花卉之间的一种隐喻互换关系。

《诗经》中，在女性与花卉、与自然之间做一种无意识的象征隐喻的互换，是一种非常普遍的现象。

比如，《诗经·郑风·有女同车》，把美女孟姜比作绚丽绽放的木槿花：

> 有女同行，颜如舜英，将翱将翔，佩玉锵锵。彼美孟姜，洵美且都。有女同行，颜如舜英，将翱将翔，佩玉锵锵。彼美孟姜，德音不忘。

再如《周南·桃夭》，则把少女比作美丽的桃花：

> 桃之夭夭，灼灼其华。之子于归，宜其室家。桃之夭夭，有蕡其实。之子于归，宜其家室。桃之夭夭，其叶蓁蓁。之子于归，宜其家人。

其他如《国风·邶风·静女》中那位婉约纤丽的女子赠与其情人的礼物便是一种悦人的彤管，即红色的芦苇管：

静女其姝，俟我于城隅。爱而不见，搔首踟蹰。静女其娈，贻我彤管。彤管有炜，说怿女美。自牧归荑，洵美且异。匪女之为美，美人之贻。

《卫风·木瓜》中女性和男性之间互换的礼物是有所不同的。女性“投我以木瓜”，男性则“报之以瑶琚”。

作为一种审美方式，男性对此基本上是认同的。《楚辞》中，屈原直接把女性和植物性的事物联系在了一起。“香草美人”作为《楚辞》中的基本象征，它赋予文本所特有的色调，哀婉，绮丽，柔靡。在屈原笔下，女性简直就是植物的化身。所以，《楚辞》中的女性往往披兰纫若，扈芷带蕙。《九歌·山鬼》中，美丽的山鬼简直就是以花卉藤萝为衣裳：

被薜荔兮带女萝。既含睇兮又宜笑……乘赤豹兮从文狸，辛夷车兮结桂旗。被石兰兮带杜衡，折芳馨兮遗所思。

《九歌·少司命》中的少司命，诗人自把美丽的女性与芳菲的植物合而为一：

秋兰兮麋芜，罗生兮堂下。绿叶兮素枝，芳菲菲兮袭予。夫人自有兮美子，荪何以兮愁苦？秋兰兮青青，绿叶兮紫茎。满堂兮美人，忽独与余兮目成。入不言兮出不辞，乘回风兮载云旗。

而在《九歌·湘夫人》中，诗人又把女性居住的场所详加描绘，那些缭绕的植物花卉点缀着女性生活的神秘空间：

筑室兮水中，葺之兮荷盖；荪壁兮紫坛，播芳椒兮成堂；桂栋兮兰橑，辛夷楣兮药房；罔薜荔兮为帷，擗蕙櫋兮既张；白玉兮为镇，疏石兰兮为芳；芷葺兮荷屋，缭之兮杜衡。合百草兮实庭，建芳馨兮庑门。

实际上，女性和植物，即这种大地母亲所生长出来的东西在生命本质上存在着一种直接的同一性。她们都是温和的、静默的，充满了生命力和爱意的。也许在内在本质上，她们都不属于男性文化的范畴，在性别上，她们都是具有阴性气质的。正是这种凝然不分的审美特点，所以无论是在男性的审美活动中还是在女性的审美活动中，女性都是以大自然作为神秘的仪式背景，作为生命的置换符号的。

不仅如此，在先秦时期人们的审美活动中，人们还往往在女性和水之间建立一种神秘联系。因为水的卑微、柔弱气质以及水善利万物而不争的特点，和女性的生命也具有一种本质的同一性，其实在阴阳文化中他们都同属于玄冥的阴性存在，都具有幽暗晦冥、深远不可别、幽昧不可测的特点。

老子《道德经》中，曾这样赞美水的美质，“上善若水。水善利万物而不争，处众人之所恶，故几于道。”（《道德经》第八章）“天下莫柔弱于水，而攻坚强者莫之能胜，其无以易之。”（《道德经》第七十八章）在儒家文化中，水依然是一种重要的文化符号。孔子曾说：“智者乐水，仁者乐山”，把水和山并举，认为它们代表了人不同的两种品性。但与其这样讲，不如说水作为流动的、卑微的事物，是女性的感性象征；而山由于它凝固的、高大的品性，则是男性文化的表征。《大戴礼记·易本命》就此曰：“丘陵为牡，溪谷为牝。”女性和水之间的这种互换隐喻也表现在了艺术文本的书写中。譬如，在《诗经》中有很多把女性和水进行隐喻互换的诗歌。较显明的是《蒹葭》：

蒹葭苍苍，白露为霜。所谓伊人，在水一方。溯洄从之，道阻且长。溯游从之，宛在水中央。……

诗歌中，难以企及的伊人和苍茫迷离的秋水联系在一起。

而在《国风·周南·汉广》中，女性和水之间也有着一种可以隐喻的关系。

南有乔木，不可休思；汉有游女，不可求思。汉之广矣，不可泳思；江之永矣，不可方思。翘翘错薪，言刈其楚；之子于归，言秣其马。汉之广矣，不可泳思；江之永矣，不可方思。

诗人把女性和浩漫的大水联结起来，这是一种集体无意识在人们心中积淀的表现。

其他如《诗经·国风》中的《郑风·溱洧》、《召南·江有汜》、《邶风·泉水》、《鄘风·柏舟》、《卫风·竹竿》等，都在女性和水之间做了一种隐喻置换关系。

在女性和自然之间进行一种隐喻互换的文化认同，在一个方面说明了先秦女性整合式审美的特点。

二　对审美对象细节美的忽视

另外，先秦女性在审美时采用的这种整合性的审美方式，使她在面对审美对象时，所把握住的往往是一种整体性的美感，而不是像男性那样，在面对美丽的事物时，采用一种条分缕析、分离主义的审美方式，因此自具有独特的气质。

比如《诗经·邶风·简兮》：

简兮简兮，方将万舞。日之方中，在前上处。硕人俣俣，公庭万舞。有力如虎，执辔如组。左手执龠，右手秉翟。赫如渥赭，公言锡爵。

诗中吸引那位女性的西方美人，只是一位身体硕健的男性，而对于其是如何的雄健有力，其身体的形体特点如何，这位女性诗人并没有加以详冗的描绘。

再如《诗经·郑风·丰》，也表现了女性审美的这种特点。

> 子之丰兮，俟我乎巷兮，悔予不送兮。子之昌兮，俟我乎堂兮，悔予不将兮。衣锦褧衣，裳锦褧裳。叔兮伯兮，驾予与行。裳锦褧裳，衣锦褧衣。叔兮伯兮，驾予与归。

诗歌写出女子现在追悔莫如的那位美少年，也只是一个孔武有力、身材健硕的男子，至于他的细节性的美，女子并不留意。

其他如《诗经》中的《叔于田》、《大叔于田》、《卢令》、《考槃》等，也都是着眼于女性眼中高大壮硕、雄伟有力的男性美，写出了他们“洵美且仁”、“洵美且好”、“洵美且武”、“硕人之宽”的特点，而对其细节性的美并不予以关注。

而男性在面对女性美时，则对女性细节性的美比较敏感。如《诗经·卫风·硕人》中，卫庄公之妻庄姜“手如柔荑，肤如凝脂，领如蝤蛴，齿如瓠犀。螓首蛾眉，巧笑倩兮，美目盼兮”。这里，男性诗人对女性细节性的美进行了可谓是精雕细琢式的、毛发毕现的刻画。而《鄘风·君子偕老》对宣姜之美的描绘，不仅执着于她的倾城美色，而且更执着于她华丽的衣饰之美，通过多种手法的运用，把她华美的外表表现得淋漓尽致。我们且看：

> 君子偕老，副笄六珈；委委佗佗，如山如河；象服是宜。子之不淑，云如之何？玼兮玼兮，其之翟也；鬒发如云，不屑髢也。玉之瑱也，象之揥也。扬且之皙也。胡然而天也！胡然而帝也！瑳兮瑳兮，其之展也，蒙彼绉絺，是绁袢也。子之清扬，扬且之颜也。展如之人兮，邦之媛也？

这种对女性美的描写可谓是纤尘毕现，具体到了细微处。特别是到了战国时期，男性对女性细节美的描写更加走向极端。在《楚辞·大招》、《山鬼》、《高唐赋》、《神女赋》以及《登徒子好色赋》中，我们看到，男性眼中的女性美简直就像被陈列的物品一样被精心展示出来，联娟娥眉、荡水秋波、白雪肌肤、含贝玉齿、束素细腰……把一个个华色含光，体美容冶的美人描画了出来。这种男性欣赏女性的审美特点一直流传到后世，魏晋时期的“宫体诗”、五代时期的“花间词”等，更把男性的这种审美特点发挥到了极致。

当然，女性和男性在面对美的事物时这种审美的差异主要基于他们审美把握方式的不同。女性使用的是一种整体性的审美方式，而男性则由于理性因素的参与，使用的是一种分析式的审美方式。并且，在审美活动中，男性由于具有日神式的客观冷静，更容易把非审美的道德因素、伦理因素、政治因素、本能因素等掺杂其间，而不能在更大的程度上进行一种超越功利性的审美；而女性在面对美的事物时，由于进行的是一种整体性审美把握，全身心的沉潜，所以较之男性，她们更容易获得一种鸢飞戾天、鱼跃于渊的美感。

对整一性的、混沌式的美的事物的追求不仅成了女性自觉的审美追求，而且由于这种审美方式的真理性也成了男性进行审美活动所抵达的一种最高境界。所以，整一性、模糊性、混沌性，作为一种审美把握的方式，它是人类最高的审美追求。正像苏珊妮·利拉所说：“在所有的伟大的思想体系中，合一状态都是生命的开端和本源，万物由此而来又归于此。这种原始未分化的状态的分裂和二元性的产生，同时也是一种堕落。……实际上，人们还要回归原始合一状态，这种回归的象征表现便是两性之间的相互欲求和结合。”① 正是由于对这种整合性审美的崇尚，所以，在《道德经》中，老子把道作为宇宙的本原，它是“一”，是“玄牝”，是“恍惚”，是“有名万物之母”，更是玄冥难言的东西。作为“无”，它滋生了有；作为

① 叶舒宪：《高唐神女与维纳斯》，中国社会科学出版社1997年版，第211页。

“一”，它滋生了万物。老子说：“道生一，一生二，二生三，三生万物。”道由此成了宇宙的最高境界，成了宇宙的最高存在，以女性文化为底蕴的道也由此成为了人们精神追求的目标。而道的混一性、整一性特点也成了人们审美追求、审美把握方式的最高选择。

整一性由此成了女性和男性不同的审美方式，作为一种审美方式，它造就了女性和植物的合一，女性和大自然的精神合一。女性在审美活动中这种重事物整体性的特点直接滋生了中国后来所特有的“和而不同”的“中和”之美；而道“挫其锐，解其纷，和其光，同其尘”的特点也使女性在面对美的事物时采用一种和光同尘的整一性审美方式。

第三节 情感式审美

就女性与审美的关系而言，相对于男性，先秦女性与情感之间保持着一种更紧密的关系。她们的审美方式有别于男性，是一种情感式的审美。言外之意，这种审美方式不重视理性、意志、善的自我言说，而把人的情感诉求放到了首位。它重视人内心自我情感的波动，在审美时容易移情物境，从而做到情景交融，物我不分。

先秦女性这种特殊的情感式审美方式的获得，具有多方面的因素。一方面有社会学方面的因素，一方面有人自身解剖学方面的因素。

就社会学方面的因素而言，和先秦男性相比，先秦女性保有更多的私人空间，她们不像男性那样，在社会公众角色方面具有优先权，而是更多地和家庭、感情及美学保持了紧密关系。这种私人空间的获得在一个方面大大促进了女性情感式审美思维的形成。因为根据一般的实践经验，社会公共空间要求人的是一种实用理性，它以摒弃非理性的情感为特点；而家庭的狭隘性空间则滋生了女性对待生活的情感要求。一般来说，狭小的家庭结构相对于广阔的社会空间，它没有社会公共事件的冲击，没有严肃的社会责任，要求的只是一种和谐的情感。夫妻之间、父母之间、兄弟之间，这些复杂纷纭的家庭情感生活都要求女性去面对。面对这种狭小孤立的空间，她满盈的生命力无处洋溢，就只好在精神生活中营造一份情感的空间，在这里她可以栖息自我孤独的心灵，可以放飞自我迷人的梦想，更可以任情感的潮水肆意流淌。就先秦女性生活的这种状况，罗时进先生分析说：“庭院式的生活阻隔了女性与社会、自然的直接联系，造就了内向的性格，繁琐细微的女红冗务，职责至上的生育活动更培育出女性纤弱、细腻、温柔、娴静的性格和崇高的母爱。”① 但我们要补充的是，这种狭隘的家庭生活不仅培养出了女性温柔娴静的美学性格，而且更使女性在进行审美活动时进一步使用情感式的审美把握方式。

《礼记·内则》就是专门记述先秦女性烦琐的家庭生活的篇章。我们且看：

> 后王命冢宰降德于众兆民。子事父母，鸡初鸣，咸盥漱，栉縰笄总，拂髦，冠緌缨，端韠绅，搢笏。左右佩用：左佩纷、帨、刀砺、小觿、金燧，右佩玦、捍、管、遰、大觿、木燧、逼屦着綦。妇事舅姑，如事父母。鸡初鸣，咸盥漱，栉縰笄总，衣绅，左佩纷、帨、刀砺、小觿、金燧，右佩箴、管、线、纩，施縏袠，大觿，木燧，衿缨綦屦，以适父母舅姑之所。及所，下气怡声，问衣燠寒。疾痛苛痒，而敬抑搔之。出入，则或先或后，而敬扶持之。进盥，少者奉盘，长者奉水，请沃盥。盥卒，授巾。问所欲而敬进之，柔色以温之。饘、酏、酒、醴、芼、羹、菽、麦、蕡、稻、黍、粱、秫唯所欲，枣、栗、饴、蜜以甘之，堇、荁、枌、榆、免、薧、滫、瀡以滑之，脂膏以膏之。父母舅姑必尝之而后退。……女子十年不出，姆教婉娩听从，执麻枲，治丝茧，织纴组紃，学女事，以共衣服。观于祭祀，纳酒浆笾豆菹醢，礼相助奠。十有五年而笄，二十而嫁。有故，二十三年而

① 罗时进：《中国妇女生活风俗》，陕西人民出版社2004年版，第81页。

嫁。聘则为妻，奔则为妾。凡女拜，尚右手。……

先秦这种“男外女内”的社会性别角色模式割断了女性与外部社会空间的联系，迫使女性抱守自我清寂的内心，在情感的想象中生活。

女性这种情感式的审美把握方式不仅是来自社会文化的，更有生理解剖学方面的因素。性心理学实验表明：“在观照异性裸体时男人更易受刺激，而女性除非有情感的联想，一般不会或很少受刺激。这说明在人类的性唤起中，男性更多的是靠视觉的刺激引发性兴奋，女性更多的是靠触觉和情感及心理活动引发性兴奋。两性感觉的差异是客观的，由此导致了两性性心理和审美心理及审美需求的差异。视觉与性生理、性心理联系的直接性和敏感性，决定了男人对女性体貌美的敏感和挑剔；而女性相对来说则一般很少对男人提出更多的外貌上的要求，其中除文化因素外也是基于人的自然生理特点。”① 性心理学方面的实验结果表明了女性与情感因素之间的天然联系，这种实验学报告为我们解读女性情感式审美方式提供了极大的理论支持。

正是来自于社会和人自身的人类学因素的双重合力，女性的审美方式较男性而言是情感式的。关于先秦女性审美的这种特殊方式，我们可以在《诗经》及其他女性艺术中寻找到一些根据。

一 情感渗透的女性诗歌

如果我们把《诗经·国风》中的女性情诗和出自男性手中的颂诗、雅诗相比，我们就会发现，相对于男性诗歌更多理性的诉求，女性诗歌具有更多情感的渗透，即女性诗歌多为言情，男性诗歌则多为言志。女性通过诗歌，主要表达她们如许的情思乡思，而男性通过诗歌，则多表达他们对政治的几多关注。表现在文体上，就是女性诗歌多为抒情诗，而男性诗歌多为叙事诗。

---

① 荣维毅：《女性美的自然基础和社会标准》，《北京社会科学》1997年第2期。

具体到《诗经》来说，女性诗歌多表现在“风诗”中，男性诗歌多表现在颂诗、雅诗中。关于女性诗歌在“国风”中所占的比重，历来说法不一。《诗经》中被《诗序》指认为女性所作的不多，只有《邶风》中的《绿衣》、《燕燕》、《日月》、《终风》、《泉水》，《鄘风》中的《柏舟》、《载驰》，《卫风》中的《竹竿》、《河广》等。而据朱熹《诗集传》，“国风”160多首中，被判定为女性诗歌的大约有54首，比《诗序》中所说的要多一些。清人骆绮兰则在《听秋馆闺中同人集·序》中认为：“三百篇中，大半出于夫人之什”，认为“风诗”的主要创作主体为女性。今人高亨却基本上接近朱熹的观点，肯定《诗经》中女性诗歌有47首。

由此可见，女性在“风诗”创作中占有重要地位，而“风诗”我们知道，它主要以抒情为主。所以，通过“风诗”，我们大体可以管窥到先秦女性审美的主要方式和特点，这就是情感式审美。

其实，关于男女审美方式的不同特点，人们早在《诗经》时代就已经感受到了。许穆夫人在《鄘风·载驰》中就提出了“女子善怀”的观点。而“女子善怀”，说的就是女性善于感怀、注重情感抒发的情感式审美方式。

在《诗经》中，我们可以看到女性情感生活的方方面面。在《国风》中，有写女子相思的，有写女子悲愤的，有写爱家的，还有写女子卫国的。但无论是表达她们的爱国之情，还是抒发她们的愤懑之恨，都表现出了女性对一个“情”字的执守。

表现女子思恋的有：

大车哼哼，毳衣如璊，岂不尔思？畏子不奔。谷则异室，死则同穴。谓予不信，有如皎日。(《王风·大车》)

君子于役，不知其期，曷至哉？鸡栖于埘。日之夕矣，羊牛下来，君子于役，如之何勿思？(《王风·君子于役》)

青青子衿，悠悠我心。纵我不往，子宁不嗣音？青青子佩，悠悠我思。纵我不往，子宁不来？（《郑风·子衿》）

表现女子失恋的有：

子惠思我，褰裳涉溱。子不思我，岂无他人？狂童之狂也且！子惠思我，褰裳涉洧。（《郑风·褰裳》）

桑之落矣，其黄而陨。自我徂尔，三岁食贫。淇水汤汤，渐车帷裳。女也不爽，士贰其行。士也罔极，二三其德。（《卫风·氓》）

习习谷风，维风及雨。将恐将惧，维予与女。将安将乐，女转弃予。（《邶风·谷风》）

表现女子爱家的有：

泉源在左，淇水在右。女子有行，远兄弟父母。淇水在右，泉源在左。巧笑之瑳，佩玉之傩。淇水滺滺，桧楫松舟。驾言出游，以写我忧。（《卫风·竹竿》）

桃之夭夭，灼灼其华。之子于归，宜其室家。桃之夭夭，有蕡其实。之子于归，宜其家室。桃之夭夭，其叶蓁蓁。之子于归，宜其家人。（《周南·桃夭》）

表现女子爱国的有：

毖彼泉水，亦流于淇。有怀于卫，靡日不思。娈彼诸姬，聊与之谋。（《邶风·泉水》）

载驰载驱，归唁卫侯。驱马悠悠，言至于漕。大夫跋涉，我心则忧。……（《鄘风·载驰》）

无论题材是什么，女性的这些诗歌都抒发了她们斑斓多姿的情感生活。让情感站立在生活的中心，让情感作为心中的旗帜，这是女性审美的主要特点，从而与以意志为主的男性审美迥然不同。下面我们以两首诗歌为例来说明这个问题。

再看《卫风·氓》：

氓之蚩蚩，抱布贸丝。匪来贸丝，来即我谋。送子涉淇，至于顿丘。匪我愆期，子无良媒。将子无怒，秋以为期。乘彼垝垣，以望复关。不见复关，泣涕涟涟。既见复关，载笑载言。尔卜尔筮，体无咎言。以尔车来，以我贿迁。桑之未落，其叶沃若。于嗟鸠兮，无食桑葚！于嗟女兮，无与士耽！士之耽兮，犹可说也。女之耽兮，不可说也。桑之落矣，其黄而陨。自我徂尔，三岁食贫。淇水汤汤，渐车帷裳。女也不爽，士贰其行。士也罔极，二三其德。三岁为妇，靡室劳矣；夙兴夜寐，靡有朝矣。言既遂矣，至于暴矣。兄弟不知，咥其笑矣。静言思之，躬自悼矣。及尔偕老，老使我怨。淇则有岸，隰则有泮。总角之宴，言笑晏晏。信誓旦旦，不思其反。反是不思，亦已焉哉！

在这首诗中，女主人怀着悲愤的心情叙述了自己曲折多变的爱情婚姻生活，情感的潮水也随之沉浮起落，从对爱情的期待，到热恋的欢畅，再到被弃的凄楚和悲愤，直至决绝。这种情感的渗透是有力的，它的控诉深沉、动人心弦。

而像《周颂》、《商颂》、《鲁颂》等男性诗歌却显现出一种理性的叙事化特点。我们试看《商颂·玄鸟》一文：

天命玄鸟，降而生商。宅殷土芒芒。古帝命武汤，正域彼四方。方命厥后，奄有九有。商之先后，受命不殆，在武丁孙子。武丁孙子，武王靡不胜。龙旗十乘，大糦是承。邦畿千里，维民所止。肇域彼四海，四海来假，来假祁祁。景员维河，殷受命咸宜，百禄是何。

虽然诗歌中也隐藏着一种自豪的情感，有着一种深沉的历史情怀，但它情感因素的缺乏依然是非常明显的；整首诗显现出一种庄严肃穆的宗教性气氛，理性至上的叙事是它典型的特点。

女性的这种情感式审美方式不仅对后世中国女性进行文学创作具有深远的影响，就是对后世女性文论强调“缘情”也具有重要意义。“无论是左芬的‘援笔抒情’还是李清照的‘词别是一家’，无论是班昭的‘君子之情’还是和熹邓后的‘圣人之情’，都偏重‘言情’。”① 的确，虽然受男性文化的影响，女性创作也强调人伦教化，但其基本主流却是抒情的。关于此，苏者聪先生曾指出：“古代妇女作品多数是抒写自己切身生活和思想情绪的。……归纳起来不外两种相思：一种是乡思，一种是情思。”②

二 情感浸淫的女性乐舞及其他

就先秦女性乐舞来讲，也深深地浸透了情感的因素。我们且看先秦时期女性乐舞与男性武舞之间的区别。

先秦男性武舞主要是宣扬一种壮怀激烈、气壮山河的精神，而女性的乐舞却主要是抒发一种柔曼浮靡、荡人心旌的情感。由于男女乐舞之间这种情感色彩的区别，所以先秦时期人们把武舞主要作为一种礼制来看待，而把女乐主要看成是娱乐情感的存在。明白了这一点，我们才可能理解孔子在《论语·八佾》中的愤怒。因为鲁卿季孙氏

---

① 虞蓉：《女子善怀：先秦妇女创作心理机制初探》，《求索》2004 年第 3 期。

② 苏者聪：《中国历代妇女作品选》，上海古籍出版社 1987 年版，前言第 12—13 页。

平子的武舞严重触犯了礼制，身为卿大夫却敢僭用天子的礼乐，并且在祭祀祖先时，也用天子之礼，唱着《雍》这篇诗来祭祀。所以孔子不禁发出了“季氏八佾舞于庭，是可忍也，孰不可忍也”的激愤慨叹。按照周礼规定：天子、诸侯和卿大夫用乐舞，有着严格的等级制度。天子用八、诸侯用六、大夫只能用四佾。由此看来，男性武舞主要受“礼制”的制约，而女乐却主要受“情感”的支配。这一点也隐约透露了先秦时期人们把男性视为理性的表征，而把女性视为情感的表征的内在心理。

先秦女性情感式审美的这种“重情”特点不仅表现在诗歌、乐舞等艺术形式中，而且还具体体现在政治生活、日常生活中。先秦时期，上层贵族妇女由于特殊的社会身份，常常得以参与到政治生活中来。但由于男女两性不同的审美思维方式，他们的政治生活从而也表现出不同的特点。男性更多地受到理智的制约，而女性则更多地受到情感因素的控制。《战国策》中就记载了很多这样的事例。在亲情与政治的抉择之间，女性往往选择亲情。著名的触龙说赵太后故事，就说明了这个问题。赵太后出于母子之情不愿意让自己的小儿子长安君到秦国做人质，而大臣触龙则从理智的角度出发反复陈说利害，最后赵太后终于同意了触龙的政治主张。在这里，赵太后代表着女性的情感性，而触龙则代表着男性的理性和智慧。

先秦女性的这种情感式审美与同时期的古希腊女性审美相比具有很大的相似性。在古希腊，以萨福为代表的女性也强调情感本身的价值，贬抑理性对人类审美的阻隔作用。萨福以为，人类的情感以及感官的欲望本身有其绝对的存在意义，完全不必依靠超越来肯定其功能，除非这种超越是一种文学意义上的超越，能够把情感及欲望经验转化为文学艺术。在审美方式问题上，萨福同样尊崇一种情感式审美。但萨福为代表的女性情感式审美在后来却遭到了以柏拉图为代表的男性们的反对。柏拉图不仅对人的肉体欲望持一种否定态度，而且对人的情感也持一种排斥的态度。他认为情感是人性中一种非常卑劣的东西，以为只有把情感及肉身情欲提升到精神的真与美的高层次上，人类才可能实现理想国的境界。由于诗歌能激发起人的热烈的情感，所以柏拉图不仅把女人，而且把诗人驱逐出了他的理想国。他认为只有拥有理性的男性才有资格共同谈论知识和人的终极关怀问题。在萨福看来，所谓美只是人的心中所爱的东西 ，是一种情人眼里出西施的主观认定，而柏拉图却认为绝对的美是一种对充满了情感的现象世界的客观超越和否定。从古希腊的审美事实看，我们也可以知道女性的情感式审美与男性的理性式审美是多么不同。

由此看来，情感性与理性构成了男女之间审美方式的根本差异。在中国，虽然有“诗缘情”和“诗言志”两种观点，但长期以来，是“诗言志”而不是“诗缘情”的美学观点一直占据上风。整个封建时代，文以载道、文以明道的观点从来不绝如缕，直至今天，它依然发挥着重要作用。推究其中原由，我们且不说儒家文化的影响，也许，深层的秘密就在于中国人把情感、情欲无意识地等同于女性，而把理性无意识地等同于男性。所以，浩然长“志”、儒家之“道”之所以受到极力推崇，在很大的意义上就是因为它们就是男性文化的隐秘符号编码。而情之所以在中国文化生活中长期受到排斥，也是因为情感和情欲本身就是女性文化的隐秘符号编码。

情感式的审美方式作为女性把握世界的一种主要方式，它产生了与男性迥然不同的审美价值观念。

第五章　先秦女性审美的普遍意义

女性是一群在黑暗中行走的影子，她们的面貌已被夜色淹没。今天，当我们以一种全新的视角来重新看待这些隐藏在历史深处、失去了自我声音的女性时，我们惊奇地发现，原来她们并不是男人们心中虚构出来的文化景观，而是以自己的身体力行，与男性一道，共同构筑了中华文化的大厦。先秦女性审美，其潜在的文化增殖意义是巨大的。它不仅对中华早期审美产生了深刻影响，而且对中国古典文化、古典艺术、民族性格也影响至深。特别是它强烈地左右了中国后世的女性审美，即使在当今，先秦女性审美的影子依然时时存在。

第一节　先秦女性审美对中华早期审美的独特贡献

作为中华早期审美的重要组成部分，先秦女性审美对中华早期审美产生了深刻的影响。下面我们主要从三个方面进行探讨。

一　先秦女性审美与中和美

中和美作为中国最高的审美原则和审美境界，关于它的理论渊源，一般来说，人们往往只注意到了儒家文化的形塑作用，而对其他因素的制约作用避而不谈。其实，中和之美不仅仅是儒家文化的产物，更是道家文化、先秦女性审美文化的产物，特别是先秦女性审美文化更对中和之美的形成起了极大作用。因为先秦女性审美重视阴阳两性相和相调的作用，而不是像西方古希腊社会那样，极力张扬一种单质的男性文化，所以，受先秦女性审美的这种制约作用，中国先秦时期的中华审美意识崇尚一种中和美。

的确，先秦女性审美的一个重要特征就是对一切充满阴性特质事物的强调。这种重视阴柔美的文化现象即使是到了后来的以菲勒斯中心主义为特征的商周父权制文化时期也并没有消失，而是相反，它深深地渗透在了先秦社会审美文化的方方面面。关于此现象，有学者论述道，正是由于周时实行的“尊尊亲亲”的孝悌宗法制社会，才最大限度地保留了上古母系氏族时期遗留下来的女性文化。因为孝悌宗法制社会重视血缘的永恒延续，所以，出于这一功利性目的，中国先秦社会不仅尊父，而且敬母。对女性文化以及由此而来的女性审美的重视造成了中华早期审美的根本特征。对此，仪平策先生有着精彩的论述，他说：“如果说在政治的、伦理的层面，父系社会推行的是‘男尊女卑’话语，在文化的、习俗的层面，父系社会贯彻的是‘阴阳两仪’模式的话，那么，在心理的、审美的层面，父系社会则无意识地、不自觉地让母性依然保留着原始尊威和中心地位，让母性崇拜的‘元语言’现实地积淀为中华民族根深蒂固的文化情结，从而隐性地实现对男权社会的深刻影响、渗透和塑造。”① 所以，尽管殷周时期父权制文化极力张扬阳性文化的感性显现，但社会集体无意识深处对阴性或者母性力量的强调势必引起对阳性力量的抑制，从而达成两种力量之间的平衡，即阴阳相调。而阴阳相调却是中和美产生的性别文化根源。

《周易·系辞》中说：“一阴一阳之谓道。……天地氤氲，万物化醇，男女构精，万物化生。”在《周易》里，“道”作为中国文化的物质本体和精神本原，它不是无性的存在，而是具有鲜明的性别色彩，正是阴阳两性的相和相调，才最终构成了道的根本审美特质。并且，也正是由于两性的化合作用，才最终造成了大化流行，“万物化生”。《乐记》亦曰：“地气上齐，阴阳相摩，天地相荡，鼓之以雷

① 仪平策：《中国审美文化偏尚阴柔的人类学解释》，《东方丛刊》2003 年第 3 期。

霆，奋之以风雨，动之以四时，暖之以日月，而百化兴焉。如此，则乐者天地之和也。化不时则不生，男女无辨则乱升，天地之情也。”《乐记》同样把“阴阳相摩”作为宇宙存在的根本法则。正是意识到女性文化的重要性，或者也可以说，正是由于先秦女性审美文化的制约作用，所以，先秦审美文化虽然整体崇尚“以大为美”，并以“大”作为君子精神人格的主动追求，但先秦审美文化并没有因此而走向审美的文化偏至论。——它依然以阴阳相调、不偏不倚的中和美作为最高的审美追求。

这种中和美不像西方，一直以来重视对阳性一极力量的强调，重视对男性阳刚气质的塑造，对壮美、崇高、悲剧等美的精神和形式的崇拜，相反，它反对对同一种单性事物的极力强调，而是推崇阴阳两种不同事物的相生相济、相和相调。如，西周末年的思想家史伯说：“以他平他谓之和，故能丰长而物归之；若以同裨同，尽乃弃矣。故先王以土与金、木、水、火杂，以成百物。”（《国语·郑语》）并且，和西方和谐的审美思想比起来，中国的中和美不单单重视一种凝固的美感，更重视一种回环往复、流动不息、合同而化、循环不已的阴阳两性共同创化的美。如史伯说的“夫和实生物，同则不继”，《中庸》亦曰：“中也者，天下之大本也；和也者，天下之达道也。致中和，天地位焉，万物育焉。”西方和谐美的思想基点是相异事物之间对立冲突暂且达致的一种瞬间的平静，它凸显的是一种有节制的男性理性美；而中国的中和美其思想基点却是相异事物之间永恒的静寂，它凸显的是一种婉约的女性美。

在很大的意义上说，这种中和美由于受到先秦女性审美的内在制约，更具有阴柔美的温柔敦厚的特质。它中正平和、安雅和顺，不过分，勿过度，不像西方审美，追求一种外在的过度张扬的感性显现，而是内敛，含蓄，讲究和实生物，和而不同，和而不流。以“和”作为审美的最高境界，把“和”视为最终的审美旨归。例如儒家文化的诗教就是“温柔敦厚”、道家文化的审美宗旨是致雌守虚、自然无为，它们或是追求人与人和，或是追求人与天和，但无论如何，这一切审美特征，都同样不可否认的是，虽然它们的形成都具有其他因素的影响，但它们也受到了女性审美文化的影响，这些审美特征都具有性别审美的色彩。虽然一般说来，中和美形成的最初思想也许更多的来源于中国人对五味、五声、五色等事物多样统一性的和谐美的感知，但我们同样无可置疑的是，中和美的形成除了有这种实际生活经验的审美感知，更有着性别审美文化的色彩。

由此，中和美表现在天人关系上，昭示的是一种神人以和；表现在伦理道德关系上，昭示的是一种礼乐之和；表现在艺术上，昭示的是一种温柔敦厚之和。并且在审美指向上，先秦时期的中和美更多的追求一种道德情感的认同，审美行为更多道德政治的意味，即使在进行艺术审美上，他们的思想路线也是音和—心和—政和—天下和，比如单穆公认为："听和则聪，视正则明；聪则言听，明则昭德；听言昭德，则能思虑纯匿，以言德于民，民歆而德之，则归心焉。"（《国语·周语》）伶州鸠也说："夫有和平之声，则有蕃殖之财。于是乎道之以中德，咏之以中音，德音不愆，神是以宁，民是以听。若夫匮财用，罢民力，逞淫心，听之不和，比之不度，无益于教，而离民怒神，非臣之所闻也。"（《国语·周语下》）

二　先秦女性审美与虚静美

虚静作为中华审美的一种理想和旨趣，是中国艺术追求的极致。中国艺术一贯追求"虚无相生"、"境生象外"的艺术境界，要求作品"含不尽之意见于言外"、于平淡处求真趣，如司空图就把"不着一字，尽得风流"作为艺术最高的审美境界。严羽亦曰："诗者，吟咏情性也。盛唐诗人惟在兴趣，羚羊挂角，无迹可求。故其妙处透彻玲珑，不可凑泊，如空中之音，相中之色，水中之月，镜中之象，言有尽而意无穷。"（《沧浪诗话·诗辨》）……这些艺术主张充分说明了虚静美作为中华审美的一条重要审美原则，对中国艺术影响至深。过往学者在追寻这条审美原则的原因时，往往不加斟酌地就归结为道家文化、玄学、佛禅文化的影响，而对先秦女性审美对之影响只字不提。其实，先秦女性审美文化对虚静美的形成起到了巨大作用。因为正是女性自身的虚静性生命品格才在某种意义上造成中国审美文化对虚静美的追求。

先秦女性审美的一个根本特征就是虚和静。这一方面有生物解剖学方面的原因，另一方面当然也有社会学方面的原因。无论何种原因，先秦时期女性审美文化的特点都是以虚静为特点的。这一点，在先秦时期的文化典籍中得到了具体的印证。在《道德经》中，女性作为玄牝，作为万物的门户，她被赋予了虚静的特点。“牝常以静胜牡”、“致虚极，守静笃。万物并作，吾以观复。夫物芸芸，各复归其根。归根曰静，是曰复命”。道作为女性文化的外在表征，它卑弱虚静，“名可名，非常名；道可道，非常道”，是一种虚静的不可被言说的存在，因而具有女性美的特质。庄子在《天道》中亦云：“知天乐者，其生也天行，其死也物化。静而与阴同德，动而与阳同波。”从而赋予阴以静的品性，赋予阳以动的品格。即使在儒家文化中，女性虚静的审美特点也一再得到阐述。儒家文化的一个典型特点就是制造了一种男女有别的性别文化，它规定女性虚静、男性刚健勃动。在《周易》中，相对于男性的“天行健，君子自强不息”，“坤，至柔……至静而德方”，女性至虚至静，被比作空阔的具有容纳性的釜和腹、静默的具有生殖力的大地。《黄帝内经·素问·阴阳应象大论》也说：“阴静阳躁，阳生阴长，阳杀阴藏，阳化气，阴成形。”《素问·阴阳别论》亦曰：“去者为阴，至者为阳；静者为阴，动者为阳；迟者为阴，数者为阳。”《黄帝内经》作为一部以阴阳学说立论的著作，亦规定了静为阴德，动为阳德的理论。特别是汉代班昭的《女诫·敬慎第三》，更为男女性情赋予了特定的社会品质：“阴阳殊性，男女异行。阳以刚为德，阴以柔为用，男以强为贵，女以弱为美。”这种种表述都从一定意义上规定了先秦女性虚静柔弱的生命特点。

以虚为美，以静为美，作为女性审美的特点，对先秦文化影响深远。它使中国审美文化从先秦时期开始，就开始有意识地追求一种虚静的审美品格。当然，与后世审美“离形得似”，一味追求“象外之象”、“景外之景”、“可望而不可置于眉睫之间”的意境美相比，先秦审美文化不仅重视虚无，而且也重视实有，是虚实兼顾、动静兼求。如《韩非子·外储说左上》里说：“夫犬马，人所知也，旦暮罄于前，不可类之，故难。鬼魅，无形者，不罄于前，故易之也。”犬马之形，人皆见之，故难；而鬼魅由于无形无影，所以易画。由此可看出这是一种比较重视“形”即实有的价值取向。而《周易·系辞上》中所说的“立象以尽意，设卦以尽情伪，系辞焉以尽其言”的说法，则无疑表达了情意的传达必须要通过具体的“象”。虽然如此，先秦审美文化重视虚静平淡的审美观念毕竟出现了。这一点从先秦时期道家文化的播散、隐逸之风的形成、理想的士人品格的出现以及“怨而不怒”、“哀而不伤”等诗教的追求中可以看出一些端倪。就先秦时期的审美理念来说，整体上是虚实兼求的，重实有，崇虚无。正像有论者所言：“在虚实论的价值取向上，早期的人们崇尚的是‘不以虚为虚，以实为虚’。非常重视‘实’的作用，主张通过‘实’的描写，在‘实’中去弄明白那些暂时还不甚明了的隐含在‘实’里的‘虚’的意义。虽然很重视‘虚’的作用，但并没有刻意去偏废哪一极，认为实不离虚、虚亦不离实，在‘虚实相生’的过程中达到美的极致。”①

先秦审美文化这种实中求虚、虚实兼顾的艺术追求对后世影响深远，以至南朝时齐·谢赫把“气韵生动”放在六法的首位，然后才强调对具体物象的精致描摹，即所谓“应物象形”、“随类赋彩”。也正是以女性文化为内核的先秦审美文化的影响，才有了司空图在其《二十四诗品》里提出的“超以象外，得其环中”，强调“象外之象，景外之景”，有了戴叔伦的“诗家之景，如蓝田日暖，良玉生烟，可望而不可以置于眉睫之前也”。也可以这么说，如果没有了先秦时期

① 寇鹏程：《中国审美观念的虚化价值取向》，《宁夏大学学报》（人文社科版）2001年第1期。

女性审美文化的内在影响，也许就不会出现中国诗学上“意境”这个美学范畴。

三　先秦女性审美与内省美

受先秦父性文化的制约作用，中国女性从先秦时就开始具有较强的内向型性格特点。这种内向型性格特点一般来说不事喧哗，不崇尚一种张扬剧烈的美感，而是抱守内心，默默静处。由于总是固守内心，所以她们相对男性一般来讲要更善于以感悟、体验的方式来面对世界。当然，先秦女性这种内向型性格的形成在很大程度上来自于先秦礼制文化的规约和限制。《礼记·内则》针对先秦女性的行为规范专门提出了一系列原则：

> 内外各处，男女异群。莫窥外壁，莫出外庭。出必掩面，窥必藏形。男非眷属，莫与通名。女非善淑，莫与相亲。立身端正，方可为人。女处闺门，少令出户。唤来便来，教去便去。稍有不从，当叱辱怒。当在家庭，少游道路。生面相逢，低头看顾。

这种种限制使先秦女性的活动天地大多局限在闺房之内，容易造成一种内向型的性格特征。并且，先秦礼制文化对女性的种种精神歧视也容易造成先秦女性自卑内向的性格特点。这种情势势必会对其审美有所影响，使其审美也不可避免地沾染上内倾性的特点。所以，先秦女性的审美相比起男性来说，一般来说趋于保守自闭。她们伤感自怜，吟风弄月，就像望着水中自我清影的那科索斯，郁郁不已。

先秦女性这种内向型的性格特点对中华早期审美也产生了重要影响，影响了中国“内省”型审美意识的历史建构。而“内省”型审美意识正像有论者指出的那样，是中国美学意识结构的重要组成部分。“这种‘内省’审美意识，指导着中国美学实践不论是对外部的再现与反映，还是对内心世界的表现与抒发，都力图通过内省的方式，即内心体验和感悟的方式，来传达对世界、人生、社会的真实感受和认识理解。”① 也正是由于这种“内省”审美意识的影响，中国审美文化整体上不太重视事物的形质，而重视审美时对事物的神韵、风骨、兴象风神的把握；并且，正是由于这种“内省”审美意识的特点，也决定了中华早期审美在面对审美对象时，不是以一种西方酒神狄奥尼索斯式的癫狂姿态去把握，而是重视以一种低抑内敛的姿态去审视，重视目击道存，目与神遇，兴与神会。虽然先秦时期这种审美特征还不像在后世那样鲜明，但重视“内省”的特点已经初露端倪。《道德经》中的“抱元守一”、“载营魄抱一，……专气至柔”，以及《庄子》的“我守其一，以处其和”、“唯神是守，守而勿失”，及《孟子·尽心上》的“尽其心者，知其性也。知其性，则知天也。存其心，养其性，所以事天也”，都在一定程度上揭示了先秦审美文化中的内省特点，即守持内心，不与外物交接，专气至柔，从而做到与物齐一。

表现在艺术体制上，就是中国这种重视内在审美空间营构的“内省”式审美意识，多外在地物化为一种注重内心情感抒发的抒情诗；而不是像西方那种注重外在审美空间结构营构的外倾式审美意识一样，多物化为一种注重外在事物再现的叙事诗。并且，由于审美意识“内省”的特点，中国诗歌往往追求一种含蓄蕴藉、空灵风流的意境、韵味。以《诗经·蒹葭》为例，诗歌所营造的那种朦胧含蓄、一唱三叹的氛围，足足显示了中国诗歌典型的审美特质，即中国美学刻意追求模糊性、领悟性、体验性、直觉性的特点。

表现在审美风貌上，“内省”审美意识也使中国美学多呈现出含蓄、内敛、平和、淡泊、空灵的特点，从而使婉约派文学成为中国古典文学的主体。正像胡云翼在《中国妇女与文学》里所说：“就这两种不同的风格讲，婉约文学又往往为文学的正宗，而豪放则被称为别

---

① 黄健：《中国美学的“内省"与西方美学的“忏悔”》，《思想战线》2002 年第 1 期。

派。并且实际上号称为别派的文学实在很少，中国文学的主潮可以说是完全向着婉约方面的发展。”

但关于对中国美学内省式审美意识思想原因的挖掘，过去人们往往停留在对儒家文化的关注上，而忽略了先秦女性审美文化的影响，其实这是远远不够的。

孔子固然比较早地提出了“吾日三省吾身”的主张（《论语·学而》），孟子也曾讲到“尽其心者知其性，知其性则知天”（《孟子·尽心上》）以及“反身而诚”的看法，曾子提到“自省”，子思讲到人要“反求诸身”，《大学》提出了“格物致知正心诚意、修身齐家治国平天下”的主张。尽管儒家文化所提出的这种“内省”式心学工夫对先秦“内省”式审美意识的发展具有重要的甚至决定性的作用，但我们又怎能否认内向型的先秦女性审美对先秦审美文化的影响呢？

正像仪平策先生指出的那样，先秦女性审美文化具有强大的力量，它把自身的这种文化影响渗透在了社会各种有意识或无意识的层面。他说：“原始母系文化在中国父系社会的深刻遗留，以‘家庭’为本位，以人伦血缘为根基的宗法制文化对母性权益和尊威的保证，以及现实生活中由母性的处处在场、父性的缄默缺席而导致的子孙后代对母性人格的认同等，都历史地积淀为一种根深蒂固的母性崇拜文化情结，进而造就中国男性群体的‘女性化’亦‘未成年化’心态。不难想象，由这些‘女性化’或‘儿男化’的男人们来担当中国父系社会学术和艺术活动的主体，会做出什么事来呢？他们自然会在较大程度上脱离父性人格气质，拆解男权文化形象，使美学范式和艺术世界弥漫着女性化气息，使审美文化呈现出阴柔化的偏尚。”①

内向型作为先秦女性审美的特点必然通过先秦女性文化的强大势力而对中华早期审美产生巨大影响，它使中国人在进行审美活动时，不是进行一种外向式的拓展，进行一种纯粹的移情作用，而是把审美

① 仪平策：《中国审美文化偏尚阴柔的人类学解释》，《东方丛刊》2003年第3期。

目光停留在审美对象身上，对之进行反复的玩味、摩挲，从而同审美对象进行一种神秘的双向合流的精神对话，从而获得审美愉悦。孔子在齐闻《韶》乐，三月不知肉味，曰："不图为乐之至于斯也！"这种审美现象一方面说明了《韶》乐审美感染力之大，另一方面也说明了孔子对之进行不懈的反复把玩、回味。

第二节 先秦女性审美对后世女性审美的影响

先秦女性审美对后世中国女性审美影响也颇大，以致至今难以摆脱其影响。简单说来，其影响主要表现在以下几个方面。

一 美善相乐、重德轻色，注重德性美的建立

在以上章节我们曾反复论述，先秦女性审美的一个重要特点就是重视美善相乐，德色兼顾，甚至当德色发生矛盾时，要重德轻色。所以，在本质上，先秦女性审美相对更重视德性美的建立，而相对忽视形体美。正是如此，所以嫫母、无盐这些先秦时期著名的丑女才在美学上具有更重要的意义。

当然，先秦女性这种审美观的形成与整个先秦时期人体美的观念有关，就先秦审美观念来说，人们整体上说来更重视一种精神意义的营建。庄子在其著作中，塑造了一系列形体残缺的人物，认为精神的美要高于形体的美。荀子在《非相》中也说："形不胜心，心不胜术。术正而心顺之，则形相虽恶而心术善，无害为君子也；形相虽善而心术恶，无害为小人也。"这都是一种重视德性美、精神美的体现。

先秦女性这种审美观念对后世的影响是难以估计的。可以说，整个封建时代，女性尽管对审美有着一种近乎天然的爱好，但由于先秦女性审美的影响，还是把对德性美的追求放在了第一位。

先秦时，如果说女性对德性美的追求还没放到首位，那么，后世女性对德性美的追求就非常自觉了。当然，后世女性对德性美的这种追求也受到当时父权制文化的影响，但先秦女性审美所持有的美善相

乐的思想影响也是不可忽视的。至汉代，由于班昭《女诫》的出现，德性美对女性的意义就更为重要了。《女诫·妇行第四》言：

女有四行，一曰妇德，二曰妇言，三曰妇容，四曰妇功。夫云妇德，不必才明绝异也；妇言，不必辩口利辞也；妇容，不必颜色美丽也；妇功，不必工巧过人也。清闲贞静，守节整齐，行己有耻，动静有法，是谓妇德。择辞而说，不道恶语，时然后言，不厌于人，是谓妇言。盥浣尘秽，服饰鲜洁，沐浴以时，身不垢辱，是谓妇容。专心纺绩，不好戏笑，洁齐酒食，以奉宾客，是谓妇功。此四者，女人之大德，而不可乏之者也。

班昭所说的“妇德”、“妇言”、“妇容”、“妇功”这四行，作为一种对女性的道德要求，更加重了汉代女性审美的重德倾向，使女性在进行自我审美时，不能过于追求一种外在妖娆的冶容，而要典雅大方，言行有致。

这种审美倾向一直延伸至宋代。在宋代，随着程朱理学的兴起，宋代女性审美更在一定意义上继承了先秦女性审美的余绪，把对女性道德美的追求放在了首位。司马光的《家范·妻上》言：“女子柔顺方才可爱。”并提出为人妻者，其德有六：

一曰柔顺，二曰清洁，三曰不妒，四曰俭约，五曰恭谨，六曰勤劳。夫天也，妻地也；夫日也，妻月也；夫阳也，妻阴也。天尊而处上，地卑而处下。日无盈亏，月有圆缺。阳唱而生物，阴和而成物。故妇人专以柔顺为德，不以强辩为美也。

由于种种提倡，宋代女性以顺从为务，以贞悫为首。这种精神限制，致使宋代女性在审美上更趋向于一种道德诉求，把道德的完美作为至上的追求。正因为如此，宋代女性的贞节意识才开始成为一种正统观念普遍流行开来，“三寸金莲”的小脚美也才开始流行起来。在有宋一代，对美的追求终于淹没在对善的追求之中。

至明清，在女性审美问题上，重德轻色的观念一直不绝如缕，并且与前世相比，由于更加强调女性的道德感，这就使明清女性在审美时也是唯德是求。

不过明代中后期以后，由于唯情主义的兴起，封建传统的道德伦理观念在一定程度上曾受到严重冲击。这当然对女性审美也造成一定影响，使女性对情感的诉说，对美的追求在某种程度上更为自觉。这一点我们可以从明人汤显祖的《牡丹亭》中看出。在《牡丹亭》中，美丽的杜丽娘为了同梦中情人柳梦梅结合，为情而生，为情而死，最后又起死复生。清人曹雪芹《红楼梦》中塑造的林黛玉形象，也是一个冰清玉洁、标举才情的女性。她把情感的诉说作为生命的主体诉求，明显与满口仁义道德、温柔敦厚完全符合传统女性审美要求的薛宝钗形成了鲜明对比。

无论是杜丽娘还是林黛玉，作为明清时期时代的叛逆者形象，她们完全摒弃了传统仁义道德的束缚，相反返求内心，追逐自我情感的满足，这无疑透露了新时代的审美要求。当然，无论是《牡丹亭》还是《红楼梦》，其中塑造的女性形象远不是社会的主体形象。在女性审美问题上，重德轻色依然是社会的主流思想。

时至今日，女性审美上的这种重德轻色倾向还一直具有影响力。人们在评判一个女性之美时，或女性在进行自我审美时，都会自觉不自觉地把德性美作为审美的前提。

二 封闭自守，注重静雅、婉约之美

先秦女性审美对后世女性审美的另一个重要影响是对封闭自守的静雅、婉约之美审美理念的持守。

整个封建时期，除了唐代女性审美呈现出热烈奔放、雄健豪放，颇具阳刚之气的审美特点外，其他时期的女性审美由于受到先秦女性审美所制定的审美规则和审美范式的影响，基本上都具有文雅柔和、卑弱柔顺的审美特征。

汉代，由于政治理念上崇尚黄老之学，文化理念上承续楚文化流脉而来，所以在审美理想和审美范式上，汉代女性审美基本上都与春秋战国时期楚国女性的审美理想相似，以瘦弱为美，以静雅、婉约为美。楚灵王时期，民谚有“楚王好细腰，宫中多饿死”的说法。在汉代，女性普遍的审美趣味也是以纤弱、静雅为美。这一点不仅可以从汉成帝的审美趣味中看出，而且可以从当时的一些诗文中看出。汉成帝后赵飞燕“身轻若燕，能作掌中舞”，她所体现出来的轻灵飘逸、纤丽多姿，成为当时审美趣尚的典型代表。即使从汉时的一些诗文中，我们也可看出汉代女性审美趋好瘦弱、娴静的特点。

司马相如在《上林赋》中有一段关于当时女倡的描述：

> 靡曼美色，若夫青琴宓妃之徒，绝殊离俗，妖冶闲都，靓糚刻饰，便嬛绰约，柔桡嫚嫚，妩媚纤弱……

这里的女性妖冶闲都，妩媚纤弱，具有绰约的风姿神态，充分表现了西汉时期人们关于女性审美的理念。

东汉王逸在《机妇赋》中有“窈窕淑媛，美色贞怡”的诗句，傅毅在《舞赋》中也道：“淖约闲靡，机迅体轻”，而王粲更在《七释》中对当时理想的女性美进行了客观描摹，“丰肤曼肌，弱骨纤形。……”

曹魏时曹植在《洛神赋》中对女性美的描绘更是淋漓尽致：

> 翩若惊鸿，婉若游龙……秾纤得衷，修短合度。肩若削成，腰如约素。延颈秀项，皓质呈露。芳泽无加，铅华弗御。云髻峨峨，修眉联娟。丹唇外朗，皓齿内鲜，明眸善睐，靥辅承权。瑰姿艳逸，仪静体闲。柔情绰态，媚于语言。

从上述诗文看，我们会发现整个汉代女性在形态美上崇尚一种窈窕纤弱、体态轻盈的美，在精神气质上崇尚一种卑弱柔顺、气质和平的美。

从汉代出土的一些乐舞俑、侍女俑上，我们也可看出一个究竟。陕西西安出土的42件侍女俑，无论是坐是立，都仪态娴静，端庄文雅，身姿略显纤弱，从而表现出温驯恭谨的态度，这应当是西汉内廷宫女神貌的真实写照。

总之，以纤柔轻盈为美，以卑柔闲静为美，这是汉代人们对女性的审美观。这种柔弱卑顺的审美观明显是对先秦战国时期楚国女性静雅式审美观念的继承，另一方面又是对丰硕壮健、端庄笃厚的诗经女性的反拨。

至魏晋时期，由于玄学影响所致，魏晋时期的女性普遍具有一种飘逸风雅的精神气质，一种啸傲山林的林下风气。谢道韫咏雪，自具雅人深致；而顾家妇清心玉映，也自是闺房之秀。王羲之之妇，更显得神情萧散，精神玄远。《世说新语·贤媛第十九》道："王尚书惠尝看王右军夫人，问：'眼耳未觉恶不？'答曰：'发白齿落，属乎形骸；至于眼耳，关于神明，那可便与人隔？'"魏晋女性这种重才貌结合，重视神韵之美的审美观念相对于汉代重妇德、轻才能的状况而言，无疑是一种历史的进步。在形体美上，受佛教思想影响，魏晋女性普遍追求一种瘦骨清像的清雅之美。这可从传为顾恺之所作的《洛神赋图》、《女史箴图》、《烈女仁智图》等作品中见出。

当然，我们这里所讲的主要是魏晋时期的上层贵族女性审美。就魏晋时期的宫体诗所呈现出来的女性美而言，相对来说要显得脂粉浓腻、肉感十足一些，从而不具有精神的超越性。女性形象的这种巨大反差在一个方面也透露了男性的镜中之像与女性自我真实形象之间的巨大差异。但无论是宫体诗中所呈现的女性美还是上层贵族女性所流露的精神美，她们仍然没有走出先秦女性审美设下的樊篱。与男性的放浪形骸、超迈旷朗相比，女性的审美观念还是比较保守的，趋向于静逸之美的追求。

到了唐代，繁荣富足的社会也带来女性审美观念的变化，"以胖为美"成为女性主流的审美观念。并且，在审美理念上，受到雄健豪放的社会文化氛围的影响，女性审美也追求一种豪雄博大，颇具阳刚气概的美。

正是受到这种审美风尚的影响，整个唐代的女性都刻意追求一种浓丽丰肥之态，珠圆玉润之美，而当时的艺术作品就真实地证明了这一点。周昉所画的仕女多为丰满肥腴、色相圆足的女性，《簪花仕女图》作为其代表作，就极鲜明地表现了这一点。图中的贵族妇女优游闲适，容貌丰腴，典型地体现了唐代女性审美的理念。而唐代杰出宫廷画家张萱所绘的《虢国夫人游春图》、《捣练图》，图中的女性也都是体态丰厚、蕴藉风流、曲眉丰颊、雍容自若，把贵族女性闲适丰裕的生活充分地表现了出来。就是唐代的武则天、杨贵妃也都是丰硕之美的典型。白居易在《长恨歌》中写到杨贵妃时，就从侧面说明了这一点。“春寒赐浴华清池，温泉水滑洗凝脂。侍儿扶起娇无力，始是新承恩泽时。”简单的用语就写出了贵妃丰肥、娇弱、慵懒的体态。李白的《清平调》也对杨贵妃的丰肥美艳予以描写：

云想衣裳花想容，春风拂槛露华浓。
若非群玉山头见，曾向瑶台月下逢。
一枝红艳露凝香，云雨巫山枉断肠。
借问汉宫谁得似，可怜飞燕倚新妆。

唐代女性在审美上的这种自信、乐观，相对于魏晋时期女性审美上的清逸来说，就显得开阔、豁达，具有昂扬奋发的精神气概。

到了宋代，由于国力衰弊，民风积弱，中国女性审美风尚又为之一变，开始由唐朝时的丰腴健硕之美向纤细孱弱之美转变，从唐朝时的热烈奔放、华艳明媚向淡雅平远、静美幽闲转变。以“瘦”为美，重又成了宋代女性主要的审美观，柔弱、纤巧的女子，成了人们欣赏和女性自我形塑的理想范型。

正像有论者所言：“唐末、五代时期，中国封建社会走过了它的鼎盛时期，开始走下坡路。宋代以后，由于国势不振，呈现出萎靡衰败气氛。在女性美的观念上，也出现了以病愁瘦峭、纤细孱弱为女性美之正宗的审美倾向。从此，健硕之美让位给清矍之美，纤柔病弱之态成为女性美的主潮流。……”并且，“从宋代开始，花容月貌、肤白发黑、杏腮桃脸、樱桃小口、杨柳细腰、三寸小脚、娇小瘦弱、身轻似燕、体柔如絮的病态美人逐步成为我国汉族女性美的正宗，也是宋代士大夫、文人词客心中、笔下女性美的主要特征”①。

宋代仕女图中的女性往往体态瘦削，神情内敛，轻颦浅笑，风致嫣然。而宋词中的女性美也说明了这个问题。苏东坡《江城子》中："腻红匀脸衬檀唇，晚妆新，暗伤春。手捻花枝，谁会两眉颦?"婉妙地写出了少女娇柔的情态。而李清照《醉花阴》中的“莫道不销魂，帘卷西风，人比黄花瘦”，也突出了宋代女性崇尚清瘦雅逸之美。再且看其他一些词中的女性美也是如此。

> 世间尤物意中人。轻细好腰身。香帏睡起，发妆酒酽，红脸杏花春。娇多爱把齐纨扇，和笑掩朱唇。心性温柔，品流详雅，不称在风尘。(柳永:《少年游》)

> 有翩若惊鸿体态，暮为行雨标格。逞朱唇缓歌妖丽，似听流莺乱花隔，慢舞萦回，郊鬟低，腰肢纤细因无力。(聂冠卿:《多丽》)

> 茸茸狸帽遮梅额，金蝉罗翦胡衫窄。乘肩争看小腰身，倦态强随闲鼓笛。问称家在城东陌。欲买千金应不惜。归来困顿滞春眠。犹梦婆娑斜趁拍。(吴文英:《玉楼春》)

由此看，宋代女性的审美观整体上是偏向静雅婉约，崇尚纯朴淡雅之美的。自宋人开始，女性美开始从华丽开放，逐渐走向了清雅内

① 吴国智:《女性美观念及“三寸金莲”》,《大连大学学报》2003年第3期。

敛，人们对美女的要求也渐渐倾向于文弱清秀：削肩，平胸，柳腰等。宋代女性审美所具有的这种淡雅平远、静美幽闲的审美特点，不仅是对传统女性审美的一种继承，更使之走向定型化。从此，中国封建女性审美大多走不出这个范围。

明清时期的女性审美基本上延承了宋代女性审美的理念。从仕女图上看，相对于唐代仕女的丰腴富态，明清仕女则清秀典雅。特别是明朝时的仕女画作家，更致力于宁静、典雅的审美风格的追求，这时的仕女形象多为小眉细眼、弱不禁风、面目表情也是婉顺不争。《红楼梦》中多愁善感、弱不禁风的林黛玉形象，就充分体现了那个时期人们的审美情趣。与之相反，书中那个温柔敦厚、体格丰满圆润的薛宝钗却走出了人们的审美视野。

清代著名人物画画家改琦与费丹旭，他们笔下的仕女形象一般都是尖脸柳腰，呈露一幅柔弱之像，风格淡雅清新，从而反映了时人对女性美的普遍看法。

这种趋向于含蓄内敛、纤柔瘦弱的审美理念一方面是对宋代审美思想的继承，另一方面也是对勇武刚健、粗犷豪放的辽、金、元三朝时期女性审美观念的反拨。

从整个封建时代女性审美观念的流变来看，我们发现，以汉民族为主体的中华民族在女性审美观念上整体是崇尚一种清秀文雅之美的，只有在外来文化入主中原时，中华民族的女性审美观念才为之一变，变得健康明朗，女性审美才崇尚壮健丰硕。这种审美观念的一贯性其实显示了先秦女性审美对后世女性审美的制约性和内在影响性。

三　20世纪中国女性审美理念的突变

进入20世纪，由于西方女性主义思潮的传入，以及中国国内太平天国运动、戊戌变法运动等社会运动和思潮的影响，中国现代意义上的女性性别意识终于完全独立觉醒。作为一种独立自觉的意识，她们不仅走出家庭，走向社会，而且在审美意识上，中国现代女性也不再满足于传统审美关系中自我“镜像”式的美学定位，她们开始有意识地追求以自我为中心的审美观念的实现，力图走出以男性审美趣味为中心的审美传统。

在审美趣味问题上，现代女性也更加理性自觉地力图走出先秦女性审美规定的视野，——一反中国传统审美中以“柔弱”为美的女性审美标准，而改之为以追求丰满健美、性感妩媚为审美准则。

就这个意义上来讲，自20世纪以来，中国现代女性在审美问题上实现了两个审美原则的偏离：一是对以先秦女性审美为渊源的传统女性审美原则的偏离；一是对以男性审美为中心的性别审美模式的偏离。由此，在先秦女性审美与传统男性审美所构筑的审美文化围城中，中国现代女性带着尖叫与呼吸、带着自我生命的体热，向我们走来。

当今，随着大众文化的崛起，以及西方女性主义美学思想的影响，我国当代女性审美走进了多元化时期。表现在女性美上，人们的审美指向并不是一维的，仅仅局限于传统先秦女性审美所制定的规范，而是充满了多元化的民主色彩。妩媚的、性感的、刚健的、自然的、健硕的、婀娜的……都成为了人们审美的一种自由选择。

特别是随着当代女性审美主体地位的确立，对人类性别文化关系中人性尺度的理想期待，成为了中国当下女性审美意识形态追求理想的两性审美模式的终极目标。也就是说，在女性审美活动中，当下女性希冀不仅把理性作为审美认知的前提，而且也应该把“主观性的真理、身体性的知识以及知识的性别影响等”全部纳入我们的审美视野。我想，这不仅应该成为当代中国女性审美的逻辑起点，更应该成为当代中国女性审美加以追逐的目标。

取消二元对立的审美思维模式，摒弃女性 = 形式美的传统审美观念，也不仅应该成为西方后现代女性主义审美的目标，而且更应该成为我们当下女性进行审美的逻辑前提。

让真实的女人成为最美的，而不是做一个按照男性想象虚构出来的美女，应该成为我们审美的基本理念，像康海姆和她的同事所做的那样——向传统文化传媒规范的女性美标准提出挑战，让老年女人、让残疾女人、让其貌不扬的女人，都站立在审美的中心场域。

然而现如今，先秦女性审美的影子依然时时存在。

第三节　先秦女性审美对中华古典艺术的影响

从气质格调上说，中国古典艺术一贯具有“温柔敦厚”、“怨而不怒、哀而不伤、乐而不淫”的雌柔特质，具有优雅、虚静、淡泊、婉约的精神气质；在审美创造和审美欣赏中，中国古典艺术也不像西方那样重视对外在物象的客观描摹，而是注重远逸、萧散、澹泊、苍茫的“意境”美的营造，重视一种阴柔气质的神韵美的追寻；从审美旨趣上看，中国古典艺术自觉追求一种圆美意识，排斥寒瘦冷硬、奇险巉刻的审美风格；从生命节奏上来说，中国古典艺术都追求一种内在的生命意识，反对僵硬孤冷的诗风。

关于中国古典艺术这种迥异于西方的特点，近些年来已有很多学者论及。概括其观点，大致有两个方面的原因：一方面是根深蒂固的儒家文化的影响；另一方面是道家文化、玄学、佛禅文化的作用。但更值得我们注意的是，先秦女性审美文化对中国古典艺术这种特点的影响亦是非常重要的。下面我们来分别加以论述。

一　先秦女性审美与中国古典艺术的雌柔美

无论在西方还是中国，人们一般倾向于“把宇宙世界、社会人生中那些具有刚硬、强劲、雄健、旺盛、挺直、巨大、坚固等属性、功能、价值的东西称之为阳；把那些具有柔软、文弱、隐晦、幽暗、圜曲、小等属性、功能、价值的东西称之为阴”①。事物这种阴阳两种属性的外在呈现，表现在审美上就是西方的优美和壮美，即中国美学上所说的阴柔美和阳刚美，在这里，阴柔美我们也可称为雌柔美。两种审美特质在人们心理上引起的美学效果是不一样的，阳刚美主要激

① 孔智光：《中国古典美学研究》，山东大学出版社2002年版，第226页。

起审美主体情感的激动，阴柔美主要引起人们心理上平静的愉悦。

阴柔美和阳刚美作为中国古典艺术的两大审美风格，是中国古典艺术两种重要的审美取向。关于这一点，近人王国维在《人间词话》中有过阐述。他把诗的境界分为两种：无我之境和有我之境，并认为无我之境在品格上属于优美，有我之境在格调上属于宏壮。他说："无我之境，人唯于静中得之。有我之境，于由动中得之。故一优美，一宏壮也。"

在美学上直接提出了阴柔美和阳刚美两种划分的是清代的姚鼐。在《复鲁絜非书》中，他把美的表现形态分为两种：一是壮美，一是优美，或称作阳刚美、阴柔美。他说："文者，天地之精英，而阴阳刚柔之发也。……其得於阳刚之美者，则其文如霆，如电，如长风之出谷，如崇山峻崖，如决大川，如奔骐骥；……其得於阴与柔之美者，则其文如升初日，如清风，如云，如霞，如烟，如幽林曲涧，如沦，如漾，如珠玉之辉……"直接提出了阴柔美和阳刚美两种审美风格的不同。南宋严羽的《沧浪诗话》，将诗歌的风格分为"沉著痛快"和"优游不迫"两大类，实际上指的也是阳刚之美和阴柔之美。清人刘熙载在《艺概》中曰："花鸟缠绵，云雷奋发，玄泉幽咽，雪月空明，诗不出此四境。"实际上，刘熙载在这里所说的诗歌四境在审美风格上严格说来亦可大致划分为阴柔和阳刚两种。

由此可见，关于中国古典艺术的审美风格，古人一般划分为了阳刚和阴柔两种。不过，总体看来，他们一般倾向于认为阴柔美的文学作品最为高妙难诣，也认为应该是诗人追求的目标。王国维在指出了文学审美风格上的两种划分之后，在审美判断上，就明显地把优美尊为上格。他说："古人为词，写有我之境者为多，然未始不能写无我之境，此在豪杰之士能自树立耳。"也就是说，王国维认为体现了优美的无我之境的作品唯有豪杰俊才才能写出，并不是人人可达。言下之意，他认为优美才应该是艺术的最上乘。当然，王国维在这里提出的优美和宏壮，实际上等同于西方美学史上的优美和崇高两种美学范畴，也等同于我们所说的阴柔和阳刚两种审美风格。苏轼在自己的诗论中也表达了对充满雌柔美倾向的自然平淡美的推崇，中国绘画艺术亦对充满了女性意味的神品、逸品奉为圭臬，这些都体现了中国古典艺术对雌柔美的崇尚。

纵观整个中国古典艺术史，我们的确发现中国古典艺术在整体的精神气质上偏向于雌柔美，也就是王国维所说的优美和姚鼐所言的阴柔美。

这些作品从战国时期屈原哀婉伤情的离骚楚辞之作，到汉末婉转附物、怊怅切情的《古诗十九首》；从建安时期曹丕的便娟婉约、清俊悲凉，再到南朝浮靡轻艳的宫体诗；从晚唐时期李商隐、温庭筠的深情绵邈、绮丽典雅，再到五代时期秾丽绵密、绮艳婉丽的花间词，以及到两宋时以柳咏、李清照缠绵悱恻、妍婉柔美为代表的婉约词等，“阴柔之美作为古典抒情诗的一种审美风格，一直是文人们诗歌创作上的主要审美取向”。特别是由宋人开创的词格，几乎更成了雌柔美的感性化身，它簸弄风月，陶写性情，脂粉气、女儿气十足。

虽然在整体的审美价值取向上，中国古典审美艺术有偏向阴柔古雅的特点，但正像风有变风，雅有变雅，中国古典艺术从来都不是一种声音在吟唱，而是具有变音之作的。这里有汉大赋的铺采摛文、铺张扬厉，也有唐诗中边塞诗的悲壮慷慨、气势雄浑，更有宋词豪放派的金戈铁马、恢弘雄放。这些在审美取向上具有阳刚气质的诗文艺术，虽然也是惊才风逸、壮志烟高，但实际上这些审美风格从来都不是审美艺术的主流，也不被诗论家认为是文学的正统。所以，在中国古典艺术史上，占据主体地位更多的还是以雌柔气质为主的文学作品。

关于中国古典艺术的雌柔品质，近来学者已多有论及，其中不乏精到之论。但要言说来，都有不完全之嫌。其实，中国古典艺术之所以呈现出雌柔美的特性，在本源上主要由于受先秦女性审美重视阴柔美的特质的影响。先秦时期，由于儒家文化提倡以“孝悌”为本的母亲崇拜，以及以“张扬母道”为特点的道家文化对女性审美文化的弘扬，先秦女性审美文化在当时的文化情境中具有重要意义。正是由于此，先秦女性重阴柔的审美特质才得以不仅在当时流衍，并对后世古典艺术产生重大影响，从而显得阴柔有余，阳刚不足。

当然，中国古典艺术上的这种雌柔审美特征不仅仅限于文学，而且表现于园林、建筑、山水画等。比如中国古典建筑，就其特色而言，在审美取向上也是倾向于雌柔之美，一般说来，它既不像西方哥特式艺术那样具有空灵、纤瘦、高耸、尖峭而具有玄思的特点，也不像拜占庭艺术那样总是采取圆形穹顶而充满了庄重威严的气质，更不像巴洛克艺术那样怪诞华丽、新奇堂皇而又充满欢乐的气氛，而是显得雍容而大度，严谨而典丽，具有东方建筑美的典型特征。

二　先秦女性审美与中国古典艺术的意境美

我们以前曾提到过，先秦女性审美的一个重要特点就是崇尚一种虚无静逸之美，这种“重无”气质对中国古典艺术产生了重大影响，这就是重视“虚白”的意境美的出现。当然，意境的出现还有玄学、佛禅文化、道家文化，以及儒家文化的影响，但先秦女性审美文化的影响也绝对不应该忽视，作为一种审美文化的思想背景，它对中国古典艺术及其审美特征的形成具有重要意义。先秦女性审美所强调的虚无特征，以及道家文化所主张的道的空无本质，都毫无疑义地对意境美的产生具有极大的促进作用。虽然意境作为成熟的审美范畴出现在唐朝，但中国古典艺术自先秦以来便崇尚一种虚灵淡泊、流动不息的气韵生动之美，这种审美特征最早地表达了意境美的基本特质。庄子言：“唯道集虚”，又说“虚室生白”（《庄子·人间世》）。这里的“虚”，明显具有女性审美的特征，因为虚无作为道家文化的重要概念范畴，也是女性生命的根本特质。由于重视虚白意境美的营造，所以中国后世的古典艺术都呈现出一种空灵澹泊的特点。

东晋时，陶渊明的诗歌就意趣真淳高古，风格淡雅自然。到了唐朝，唐诗一个主要的审美特质，就是营造了一种风流蕴藉的意境，关于此，宋人严羽以禅喻诗，在《沧浪诗话·诗辨》中说了这么一段话：“诗者，吟咏情性也。盛唐诸人，唯在兴趣。如羚羊挂角，无迹可求。故其妙处，莹彻玲珑，不可凑泊。如空中之音、相中之色、水中之月、镜中之象，言有尽而意无穷。”这里所说的“兴趣”，指的就是一种言有尽而意无穷、不可言说的意蕴。

虽然宋人以理入诗、以文入诗、以议论入诗，不重视意境的塑造，但北宋的词和绘画还是追求一种意境的获得的。宋人苏东坡提出了“发纤秾于简古，寄至味于淡泊”、“质而实绮，癯而实腴”的艺术主张。在《与侄书》中，苏轼强调：“凡文字，少小时须令气象峥嵘，彩色绚烂；渐老渐熟，乃造平淡。其实不是平淡，乃绚烂之极也”，从而提出了“绚烂之极归于平淡”的主张。

至明、清时期，对诗歌意境的获得已经非常自觉。清代王渔洋，以古淡闲远来论诗。其实，无论是王世祯的“神韵说”还是袁宏道兄弟的“性灵说”，他们都意在诗歌空灵意境的获得。清人吴雷发说：“诗境贵幽，意贵闲冷，辞贵刻削。”（《说诗管蒯》，《清诗话》本）当然，吴雷发把诗歌意境仅仅局限在幽冷枯寂之上，有使意境走褊狭之弊，但他的话无疑透露了明清时期人们对意境的一般理解，这明显具有女性化的气息。

由于中国古典诗词重视一种“境”的营造，所以相对来说不重言的传达、象的塑造。庄子就说过“得鱼忘筌”、“得兔忘蹄”、“得意忘言”的话。后来王弼解《易》，更在《周易略例·明象》中详细阐说言、象、意三者之间的关系。

> 夫象者，出意者也。言者，明象者也。尽意莫若象，尽象莫若言。言生于象，故可以寻言以观象；象生于意，故可寻象以观意。意以象尽，象以言著。故言者，所以明象，得象而忘言；象者，所以存意，得意而忘象。犹蹄者所以在兔，得兔而忘蹄；筌者所以在鱼，得鱼而忘筌也。然则，言者，象之蹄也；象者，意之筌也，是故存言者，非得象者也；存象者，非得意者也。象生于意，而存象焉，则所存者，乃非其象也。言生于象，而存言焉，则所存者，乃非言也。然则，忘象者，乃得意者也；忘言者，乃得象者也。得意在忘象；得象在忘言。故立象以尽意，而

象可忘也；重画以尽情，而画可忘也。

当然，中国古典艺术的意境美不仅表现在文学艺术上，而且体现在绘画和书法上。以宋元绘画为例，自唐时王维独创了水墨山水画以来，自然平淡、充满了雅人深致的文人画就与以李思训和其子李道昭为代表的堂皇华丽、匠气十足的青绿山水画有了分别。至宋代，无论是北派山水和南派山水的文人画，它们的画风都萧散简远，呈现出摒弃萎靡柔媚画风的倾向。缘物寄情、表达自我的闲情逸致，舍形悦影，注重绘画的神韵美，成了文人画的主要审美取向。这种画风特别到了明代的“吴门四家”和清代“清初六大家”那里，更得到了进一步继承。确切说来，文人画的这种画风虽然更多地来自禅道思想文化的影响，但作品的内在精神气质所呈现出来的雌柔气质却也许是民族集体无意识的呈现，是先秦女性审美的雌柔本质所内化为民族文化心理结构的一种隐秘表达。

中国的书法就总体来说，也追求一种意境的获得。它们或者结体端雅，或者结体敦厚，或者结体疏朗宽博，但都追求一种疏密欹正、张弛有致、燥润相杂的和谐美，追求一种上下呼应、左右映带、血脉相通、气贯神溢的整体美。一般来说，中国古代书法都具有重视用笔的重骨不重肉、重神不重形的特点，重视书者个人精神意趣的表达，轻视书法的实用功利色彩。特别是宋代书法的“尚意”，更是对唐人书法尚“法”的一个创作理念上的突破。自此，中国书法更多得几分超脱理法的意趣，获得一种清远散淡的情致。中国书法这种重视意境美的特点尽管有种种的形成因素，当然也与整个中国古代重虚柔轻实有的女性文化倾向分不开。

三 先秦女性审美与中国古典艺术的圆美

在中国古典艺术中，无论是诗歌、小说还是戏剧、园林，我们发现它们其实都内在地崇尚一种“圆美意识”，这种“圆美意识”不仅表现在外在的语言表达上，而且表现在内在的主题结构营造上。

关于古典艺术语言的圆美意识，古人有着很多言说。谢朓有“圆美流转如弹丸”之论，——后来南朝梁沈约曾用谢朓“好诗圆美流转如弹丸”的话，来评王筠的诗。萧子显也有“言尚易了，文憎过意，吐不含金，滋润婉切”之语。宋时刘克庄在《江西诗派小序·总序》中亦有“流转圆美”的评语。元时赵孟頫用笔圆转流美，元人倪瓒称他的书法“圆活遒媚”，并推赵为元朝第一书人。从以上这些评语中，我们可以看到在中国古典艺术中，对诗歌书法等艺术用语的圆美要求是一种颇为自觉的行为。

特别在中国戏剧中，对圆美的要求更是严格，梨园中人常说的“编戏要圆”，也就是强调戏之完美在于要有“起、承、转、合”的圆转流媚，不陷于艰涩沉重。明代戏曲家沈宠绥说：“声籁皆本天然，一经呼唱，则机括圆溜，而天然字音出矣。”（《度曲须知·经纬图说》）这种以圆为美的文化意识，表现在戏剧的情节结构上，更是几乎遵循着一条快乐的原则：“始悲终欢，始离终合，始困终亨。”无论情节的进展是多么波澜起伏，情感是多么的凄怆悲凉，最后都是以一个由悲而欢、从离到合的“大团圆”式结局结束全文，从而给人一种圆润温婉的美感，而不是像西方悲剧那样，给人一种突兀的庄严痛苦的感觉。所以，从这个意义上说，中国的古典小说和戏剧，也是崇尚或者恰切地说追求一种圆美意识的。

其实，作为“有意味的形式”——圆形，在我们民族的审美视阈中，就是“一个能指丰富的代码，喻示着柔和、温润、婉转、和谐、完善，标志着一种美、一种心理结构和一种文化精神”①。一句话，圆，在我国古代文化中具有深远的意义。张英在他的《聪训斋语》（卷上）中也说：“天体至圆，万物做到极精妙者，无有不圆。至人之至德、古今之至文、法帖以至于一艺一术，必极圆而后登峰造极。”以圆为美，成了中国人内心深处一个难以言说的情结，通过圆美，人

---

① 李祥林：《性别视角：中国戏曲与道家文化》，《成都大学学报》（社科版）2002年第2期。

们体验到了一种“周行而不殆”、“道无始终”（《庄子·秋水》）的宇宙节奏，体验到了一种与天地同流的美感。P. E. 威尔赖特在其著作《隐喻与现实》中也指出：“在伟大的原型性象征中，最富于哲学意义的也许就是圆圈及其最常见的意指性具象——轮子。从最初有记载的时代起，圆圈就被普遍认为是最完美的形象。”①

“以圆为美”之所以成为中国古典艺术中最重要的审美意识之一，这是因为，在圆美意识中深深地隐藏着来自人类自身最最古老原始的女性生殖崇拜密码。因为根据文化人类学的观点，圆形作为大母神崇拜时代的根本原始意象，它是人类最古老的一种生殖象征。“它可能代表太阳，也可能是原始的玄牝的符号。”而作为后者，“圆便成了母亲、女人及地母的象征”②。以研究大母神闻名的德国学者诺伊曼也说：“在其全部现象学中，女性基本特征表现为大圆，大圆就是、并且包含了宇宙万有。”③

因而，圆形作为女性生命的象征表达，就具有了一种审美的意味，这就是圆美意识出现的文化人类学背景。在某种意义上也可以这么说，圆美意识是先秦女性审美特有的一种审美表达。这种审美意识作为一种集体无意识，深深地沉淀在了中国人内心深处，积淀为一种民族文化心理结构，从而内在地制约着中国人关于宇宙、人生和艺术的思考，并把这种审美意识外在地物化为具有审美气质的古典艺术。

四　先秦女性审美与中国古典艺术的生命美

从内在生命韵律上讲，中国古典艺术一直重视作品的内在生命节奏，重视作品内部精神空间的营构，重视作品生机勃勃的活力呈示。基于此，中国古典艺术也一直追求“气韵生动”、“离形得似”、“舍形悦影”、“舍质趋灵”的精神美，生命美。中国古人认为，影子虽

① 叶舒宪：《神话—原型批评》，陕西师范大学出版社 1987 年版，第 229 页。
② ［英］H. 卡纳：《性崇拜》，方智弘译，湖南人民出版社 1988 年版，第 243 页。
③ ［德］埃利希·诺伊曼：《大母神》，李以洪译，东方出版社 1998 年版，第 215 页。

虚，却能传神，能够表达出生命中那难以言说的真实和精神，能够传达出事物内在的生命律动。因此，所谓“气韵生动”，其实就是指“生命的节奏”或“有节奏的生命”（宗白华语）。在这一点上，中国人和西方人是不太一样的。西方人重形质，认为在事物的形质中蕴藏着事物的真；而中国人重神气，认为事物的真实和生命全蕴藏在精神气韵之中。所以中国古典艺术与西方相比，重媚不重美，因为媚表现的是流动中的美，而美相对来说就是静态的呈示。

基于这样一点，中国绘画重虚白，西方油画重色彩；中国绘画重神气，西方绘画重形质。正像宗白华先生所总结的那样：“中西画法所表现的‘境界层’根本不同：一为写实的，一为虚灵的；一为物我对立的，一为物我浑融的。中国画以书法为骨架，以诗境为灵魂，诗、书、画同属于一境层。西方画以建筑为间架，以雕塑人体为对象，建筑、雕刻、油画同属于一境层。中国画运用笔勾的线纹及墨色的浓淡直接表达生命的情调，透入物象的核心，其精神简淡幽微，‘洗尽尘滓，独存孤迥’。……遗形似而尚骨气，薄彩色以重笔法。‘超以象外，得其环中’，这是中国画宋元以后的趋向。然而形似逼真与色彩浓丽，却正是西洋油画的特色。”①

不仅中国的绘画表现出重视生命意识的特征，就是中国的诗歌、书法等其他艺术也莫不是如此。中国书法通过用笔重视骨、肉、筋、血的连绵相属，气脉不断，通过结构布白来表现一种精神意态，通过章法来体现一种潇洒风神，这本身就是重视生命美的生动体现。关于书法，古人曾说：“晋人尚韵，唐人尚法，宋人尚意，明人尚态。”这充分说明中国人关于书法的认知不仅仅是出于实用功利的目的，更是在意一种生命美的表现。孙过庭在《书谱》中也曾经论述过书法所体现的人的生命美：“然消息多方，性情不一，乍刚柔以合体，忽劳逸而分驱。或恬憺雍容，内涵筋骨；或折挫槎枿，外曜锋芒。……

① 宗白华：《论中西画法的渊源与基础》，见宗白华《艺境》，北京大学出版社 1998 年版，第 120—121 页。

质直者则径侹不遒；刚佷者又倔强无润；矜敛者弊于拘束；脱易者失于规矩；温柔者伤于软缓，躁勇者过于剽迫；狐疑者溺于滞涩；迟重者终于蹇钝；轻琐者淬于俗吏。斯皆独行之士，偏玩所乖。”通过书法，人的生命意识和精神气质可以完好地体现出来，所以在书法中也蕴藏着人的生命情调。

为了使作品保有一种生机勃勃的生命节奏，中国艺术往往注意虚白空间的营构，让空寂中有生气流行，在虚白中有生命盈动，从而营造出一个鸢飞鱼跃、花鸟玲珑的世界。正像宗白华先生说的：“中国画中所表现的万象，正是出没太虚而自成文理的。画家由阴阳虚实谱出的节奏，虽涵泳在虚灵中，却绸缪往复，盘桓周旋，抚爱万物，而澄怀悟道。”①

中国古典艺术所呈现出来的这种生命特征主要是由先秦女性文化重视生殖观念——也就是母性生殖崇拜观念衍生而来的。这一点并非虚妄之谈。正是先秦女性审美的这种“重生意识”，所以才造成了中国古典文化和古典艺术具有深沉的重生情结，以至于中国的道不像西方的理念，是一种静态的存在，而是充满了勃勃生机，中国的艺术也不像西方的艺术多是一种静态的呈示，而是生机骀荡，一片生意。

第四节　先秦女性审美对中华古典文化的影响

正像我们在上面提及的那样，先秦女性审美文化由于民族集体无意识的母亲崇拜情结，所以对中国古典审美艺术的影响至深。这一点与西方古典文化艺术形成了极大差异。西方文化由于父亲情结的作用，所以一直企图追寻一种英雄主义的悲剧意识，而中国古典文化由于母亲情结的影响，则一直追求一种虚无阴柔的审美价值，而虚无阴柔的审美价值却正是女性情怀的一种无意识彰显。

① 宗白华：《中国诗画中所表现的空间意识》，见宗白华《艺境》，北京大学出版社1998 年版，第 232 页。

从时间上限来说，粗糙无意识的先秦女性审美意识最早诞生于母系氏族时代，其具体的审美物质表现是陶器和雕塑，这种审美意识后来随着母性崇拜的无意识沉淀在中国先民的内心深处。所以，至少从时间上来说，它远远早出成熟的男性审美意识的诞生。先秦女性审美意识由于自身强大的渗透力量，对中国古典文化，特别是阴阳五行文化以及道家和道教文化都起到了难以言说的影响。

一　先秦女性审美与阴阳五行文化

阴阳五行文化作为成熟的思想范式出现于战国中晚期，但阴阳文化和五行文化在本质上却原来是两种不同的文化形式，它们有着各自的文化背景和言说语词，只是在春秋战国时期才逐渐走向合流。至于谈到先秦女性审美对它们的直接影响，为了阐述的方便，我们尝试分开来讲。

第一，从对阴阳文化的影响来看，先秦女性审美直接促进了阴阳文化尊阴重阳观念的形成。

从发生学的角度看，阴阳文化观念直接孕育于“民不知其父，但知其母”的母系制文化时代，从学理上来说，至少是殷商时代以前的历史时期。而这个时期，正是女性文化占主体的特殊历史阶段，女性文化以及女性审美意识作为社会的主导性思想，渗透在社会的各个方面。所以，就阴阳文化的起始观念来看，它不可能不受到女性审美文化的影响，甚或可以这么说，阴阳文化在其初始，也许就是基于对日光的向背、男女雌雄的对立统一等自然现象的观察而建立起来的。所以有学者直接提出阴阳文化来源于“性器说”，认为阴阳都是来源于男女生殖器的象征隐喻，并认为阴阳文化更多地来源于女性文化的崇拜。持这种观点的如郭沫若、周予同等。我们且不说这种观点是否恰切，单说其具有一定程度的合理性而言，我们也要承认它的学术敏感性。并且，就阴阳文化形成成熟的系统思想于春秋时期来说，我们也要赞成这个观点。因为春秋时期依然是一个母系氏族文化有很多遗存的时期。所以，基于此种信念，我们说，先秦女性审美对阴阳文化的制约力量不可能不存在。

从学理的角度看，我们发现在阴阳文化中的确保留了很多先秦女性审美文化。如在早期阴阳文化中，不仅重阳，而且重阴，或者可以这么说，阴阳文化是尊阴而重阳。而阴中有阳，阳中有阴，阴为主体，阳为辅者，贵阴贱阳，正是先秦女性审美文化的根本特征，也是先秦女性审美文化的一个基本着眼点。有史料证明，先秦，特别是春秋之前，正像有学者所说的那样："并没有像秦汉以后那样强烈而不可移易的阳尊阴卑、阳贵阴贱的观念，相反却是重阴不重阳，阴为主导方面，阳是非主导方面，阳要受阴的制约和支配，因而，阴阳两字，阴居阳之首。"如《周易》之前的夏朝之易《连山》、商朝之易《归藏》，其不仅卜筮方法与周朝之易《周易》有别，而且连诸卦的排列次序也不同。跟《周易》以"乾"卦居首不同，《归藏》以坤卦开头，故而后者又名《坤乾》。

基于以上两点，我们完全有理由说，阴阳文化并不是空穴来风，先秦女性审美对它的形成以及审美特征构成起了极大的影响作用。先秦女性审美重整体、轻分裂；重生殖、轻死灭以及重阴性等审美文化观念在阴阳文化观念中得到了鲜明的体现。

阴阳文化的一个基本观念就是重视事物的模糊整体性，而不是以一种客观分析的、分裂的逻辑眼光来看待事物。《周易·系辞上》云："一阴一阳之谓道"，明确指出了道的阴阳两性特征及生成意义。老子在《道德经·四十二章》也明确说："万物负阴而抱阳，冲气以为和"，认为"阴"才是道的根本属性，而把事物之间正常的状态"和"，作为宇宙间最高的境界。《类经图翼·阴阳体象》曰："阴根于阳，阳根于阴。"朱子亦语："阴气流行则为阳，阳气凝聚则为阴。""阴阳互根"，两者相生相待，反之则"孤阳不生，孤阴不长"，阴阳二者的并生并立，整一存在就成了阴阳文化的一个基本信念。

就此看，我们可以看到阴阳文化同先秦女性审美文化间的关系是如何密切。就两者关系言，"阴胜则阳病，阳胜则阴病"（《国语·越语》），理想状态乃是阴阳平衡，达到和谐；阴阳合德，刚柔有体。

《国语·周语》有："气无滞阴，亦无散阳。阴阳序次，风雨时至。"所以，先秦时期的阴阳文化发展了先秦女性审美文化的重阴情结，并调和了阴阳二者之间的和谐关系，使之成为中国古代一切思想产生的历史背景。

另外，受承于先秦女性审美文化而来的阴阳文化重视一种生生不已的生殖力量。它不仅强调阴阳两性之间的和谐统一，而且更重视阴阳两者间的相生相胜。正如《素问·阴阳应象大论》曰："阴阳者，天地之道也。万物之纲纪，变化之父母，生杀之本始，神明之府也。"在这里，我们可以明显地看到，阴阳文化不仅重视阴阳两性间的对立并举，而且更重视阴阳两性之间的消息变化。阴阳亦是《周易》解释宇宙生成的基本元素，《庄子·天下》中声称，"《易》以道阴阳"。《周易·系辞下》中有："刚柔相推，变在其中矣。是故刚柔相摩，八卦相荡，鼓之以雷霆，润之以风雨，日月运行，一寒一暑。乾道成男，坤道成女。乾知太始，坤作成物。……如天高地下，动静有常，人以类聚，物以群分，为实然之理；而尊卑、贵贱、吉凶等为应然之"。《周易》虽然有男尊女卑的思想情结，但其在阐述宇宙的生成变化时，还是突出了"阴"，即坤卦的生成意义。从阴阳文化这种生生不已的生殖观念我们可以看出明显来源于上古时期的大母神生殖崇拜，是先秦女性审美文化影响的结果。

第二，从先秦女性审美对五行文化的影响来说，"五行说"或称"五材说"中的水，在先秦时期，它就不仅仅具有一般的物质属性，而且具有浓郁的性别色彩，人们往往在无意识层面把水视为女性审美文化的外在表征。而这，也正是先秦时期女性审美文化影响的结果。

《尚书·洪范》中曾比较早地对五行的特性做过经典阐释："一曰水、二曰火、三曰木、四曰金、五曰土。水曰润下，火曰炎上，木曰曲直，金曰从革、土曰稼穑。"《左传·昭公二十九年》也记蔡墨语曰："故有五行之官，是谓五官。……木正曰句芒，火正曰祝融，金正曰蓐收，水正曰玄冥，土正曰后土。"先秦典籍中这些有关五行的记载中似乎看不到水的女性审美文化特征，但在潜意识深处，水依然和女性紧密地联系在了一起。按照阴阳五行理论，水在时间上属于冬季，所以是闭藏的；在空间上它属于北方，所以是玄冥的。而闭藏和玄冥在某种意义上又是女性的，它所具有的幽幽之气正是女性审美文化的特点。所以，五行文化中的水便内在地具有了女性美学的特点，成了负载女性审美文化的一个载体。老子在《道德经》第78章中直接说："天下莫柔弱于水，而攻坚强者莫之胜，以其无以易之。"在其他章节中也说及"上善若水"、"水善利万物而不争"等水卑弱滋养的品质，从而使水成了先秦女性审美文化的肉身化表现。从审美文化的角度讲，水是女性审美特质的象征，水的阴柔特性也被道家推崇到"几于道"的地位。

五行文化中水的女性化，不仅表现在当时的诗歌艺术中，而且对后世中国人的审美思维也产生了深刻影响。苍茫的秋水，不仅是一种实指，更是一种性别隐喻。

二　先秦女性审美与道家、道教文化

先看先秦女性审美对道家文化的影响。

同阴阳文化的尊阴重阳不同，也同儒家文化阳尊阴卑的菲勒斯中心主义情结不同，道家文化由于直接脱胎于原始的母性生殖崇拜这一事实，所以受先秦女性审美文化的影响至深。它在本质上不仅是尊阴抑阳的，而且直接把创生万物的道比作"玄牝"，即女性生殖器，"所谓谷神不死，天地玄牝。玄牝之门，是谓天地根。绵绵若存，用之不勤"（《道德经》第六章）。

不仅如此，老子还在《道德经》中一再强调其对阴柔卑弱的先秦女性文化的尊重，认为"弱者道之用"（《道德经》第四十章）。"坚强者死之徒，柔弱者生之徒。""坚强处下，柔弱处上。"（《道德经》第七十六章）"弱之胜强，柔之胜刚，天下莫不知，莫能行。"（《道德经》第七十八章）认为"静为躁君"（《道德经》第二十六章），"清静为天下正"（《道德经》第四十五章）等。基于这种尊阴抑阳的

观念，所以老子崇尚“水”、“牝”、“谷”等物象，而这些事物，按照原型分析的观点，无疑是女性的精神象征，是原始时代大母神崇拜的外在感性显现。

先秦女性审美文化对道家文化的这种鲜明影响，使“无为而无不为”的道家文化相对于“知其不可为而为之”的儒家文化来说，显得虚无柔弱，卑微可爱，从而具有鲜明的女性气质。

再看道教文化。

先秦女性审美对诞生于东汉时期的道教文化也产生了重要影响，这一点可以从道教文化明显的阴柔气质以及道教文化与众不同的神仙谱系上看出来。当然，道教直接脱胎于重女尊阴的道家文化，而我们知道，道家文化本身就受到先秦女性审美文化的直接影响。所以，道教文化著名的重女情结显然来源于先秦女性审美文化的重女情怀——重视女性的生命意识，重视女性的精神感受，从而与来自西方仇女情结严重的基督教和佛教文化决然不同。在道教中，女性通过修炼，也可以和男性一样肉身成道，羽化成仙。《女金丹序》开首第一句话，便是：

大道不分男女，皆能有成。

《增演坤宁妙经·真一坤宁妙经卷下》“实证章第二十一”云：

修仙修佛，希圣希贤，总无男女可分。惟在心智精虔，至诚无息则久。神而明之在人。譬木植，必固其木。譬如泉流，必清其流。三教同条，共贯一心。不倚不偏，苟能实践，躬行自得，圣智圆明。

《丹阳真人马祖谕女子修道浅说十一条》第二云：

当思天地者，有阴阳之别。而修道者，无男女之分。男子修道，可以超脱，女子修道，亦堪飞升。[①]

东晋葛洪《神仙传》中便载录了太玄女、西河少女、东陵圣母等6位女仙的传说。而在唐末杜光庭编集的道教典籍《墉城集仙录》中，记述成仙的女仙就有30多人，包括女娲、西王母、尧帝之女舜帝之妻娥皇和女英、嫦娥、巫山神女等。至清朝王建章撰的《历代仙史》，纳入道教仙谱的就已多达145位女神仙了。并且在道教的最高神中，后土皇地祇，或后土皇祇，就是和其他在三清之下的三位男性天帝一样，是四御之一，为执掌阴阳化育万物之美的女神。

在道教中，特别是西王母，她不仅被纳入神系，而且成为道教中至高无上的女神。《墉城集仙录》中说："西王母体柔顺之本，为极阴之元，位配西方，母养群品，天上天下，三界十方，女子之登仙得道者，咸所隶焉。"道教文化这种对女性在一定程度上的尊重成了中国本土文化的一个典型特色，从而和具有原罪色彩的基督教等其他宗教有了明显区分。

虽然也有学者认为，道教文化在根本上是抑制女性的——因为道教文化"采阴补阳"的根本目的，是男性把女性作为一个养生补体、羽化成仙的根本工具。但我们同样不可否认的是，道教虽然在一定意义上来说构成了对女性的偏见，但它又在一定程度上是尊重女性的。这不仅源于道教受到汉代方术神仙学说、汉代阴阳五行文化的影响，而且更重要的是，道教文化直接受到张扬母道的先秦道家文化的影响，这也就是道教为什么吸引女性信徒的根本原因。由此可见，间接受到先秦女性审美文化影响的道教文化是非常重视女性的。也可以这么说，先秦女性文化不仅直接孕育了道家文化，而且间接孕育了道教文化。

① 参见李素平《女神·女丹·女道》，宗教文化出版社2004年版，第213—214页。

三　先秦女性审美与中华民族性格

中华民族一贯具有中庸、温和、内敛自守、恬淡温柔的民族性格。关于中华民族性格的成因，学者多有论及。一般来说，大多把成因归结为地域文化学、文化人类学以及哲学文化学三种。

固然，从地域文化学的角度说，中国是大陆型国家，这种特定的地理位置较之富有冒险精神的海洋型文化，因“缺乏海之超越大地的限制性的超越精神”（黑格尔语）而更多地体现出平静、恬淡、保守、中和的特征。并且，在生产方式上，中国主要是以农业为主，“日出而作，日入而息，凿井而饮，耕田而食”（《击壤歌》）的平淡闭守特点，以及日日与宽广温厚、充满了宽容精神的土地对话的特征，都不可能使中华民族的性格具有以狩猎方式、商业贸易方式为主的其他民族那样张扬猛烈、向外拓展的精神气质。

当然也有从哲学文化的角度对中华民族性格予以分析的。分析者一般认为，中国的儒家文化和道家文化对中华民族性格的形成起到了极大作用。比如他们讲儒家文化“文质彬彬，然后君子”所表征的君子谦逊品格，以及孔子所弘扬的“过犹不及”中庸文化精神，都塑造了中华民族含蓄温柔的性格；而道家文化与世逍遥、与物齐一的理想又塑造了中华民族与世无争、明哲保身的隐逸气质。

这种对民族性格的分析固然具有很大的真理性，但先秦女性审美所注重的温柔气质作为一种集体无意识也深深地沉潜在了民族心理深处，并在一定程度上促成了中华民族性格的形成。尽管整个中国封建时期在外在的政治制度表层结构上实行的都是男性父权文化，对女性审美文化持守一种贬抑的态度，但从深层的文化结构上来说，它遵守的却是女性审美文化的内在原则。因此，中华民族的精神气质无论是从外在表现形态上来说，还是从内在的意蕴表达上来说，都显得温文尔雅、优柔婉约，而不是像西方民族那样，显得张扬突兀、外向热烈。对于此，林语堂先生深有体会。他曾经说，中国人的性格是属于女性的。

正是中华民族性格的这种女性化特点，所以中国人重视想象，重视一切诗意的东西，而对阳刚的、金刚怒目式的性格气质在潜意识中持一种排斥的态度。所以，佛教中的菩萨在印度本来是一位剑拔弩张式的男神，而到了中国，为了适合中华民族特有的精神气质，却演变为一位秀丽飘逸、温柔慈爱的女性。中华民族这种绵软柔韧的性格特点不仅深深影响了中国的古典文化艺术，而且对中国人现实的处事方式也具有很大影响，“以和为贵”，不主张通过反抗斗争的方式来解决矛盾冲突，是中国人典型的性格特征。表现在政治制度上，中国人重视德治、礼治，而不重视法治。其实，在本质上，这都是柔和的民族性格的外显。这种影响一直延伸至今，绵绵不绝。

结　语

关于先秦女性审美的考察至此终于暂告一段落。

本着实证主义的精神，本书梳理了先秦女性审美在不同历史时期的逻辑发展进程，并主要探讨了先秦女性特殊的审美趣味、审美方式以及迥异于男性的审美形态及审美特质，对先秦女性审美对后世的影响也做了较为深入的阐释。

这样一种研究思路对我们深刻地了解先秦女性审美具有重要意义。因为对先秦女性审美的把握，我们不仅需要一种动态发展的历史眼光，更需要一种多维的静止的审美目光。只有使用这样一种内与外、静与动、历史主义与结构主义相互结合的审美研究方法，我们才能深入先秦女性审美研究的核心。

本书的核心观点是：先秦女性审美作为一个不断发展的历史动态过程，其审美观念从上古、西周、秋时期的刚健质朴逐渐走向战国时期的阴柔幽媚。其在先秦时期奠定的审美趣味，如中和美、阴柔美、德性美等，不仅对当时的审美观念及趣味有着深刻影响，而且对后世古典文化及美学也发生了重大影响。

先秦女性审美是一个具有重要意义的选题。把它纳入我们的视野，主要基于作为关于女性美学的专题性断代史研究，先秦女性审美不仅是属于美学史的研究，更是属于女性学的研究。但在以往的研究中，两种维度的同时建立却是没有的：先秦审美研究中性别维度严重缺乏，人们在进行美学史研究时，往往注重以一种不偏不倚的审美姿态，一种貌似客观、公正的态度来审视美学现象。其实这种表面价值中立、实则男性化的研究立场严重疏忽了性别维度的建立，尤其是女性审美在先秦美学史研究中的地位问题更几乎是一个学术盲点；而在先秦女性研究中，自觉意义上的审美维度也相对匮乏，人们在进行先秦女性的有关研究中，较多关注女性的心理、社会地位等社会学内容，而很少涉及女性审美的研究，特别是先秦女性审美的一些基本理论问题，更缺少一种形而上学的理论建构和梳理。

正是基于以上学术研究背景，我们才有勇气选取先秦女性审美作为我们研究的课题，以此来对中国女性的审美意识及特点加以考察，借以突出女性审美与男性审美的内在差异、中国女性审美与西方女性审美的不同，从而希冀对中国女性主义美学的建构提供一点有益的思考，并间接地对中国传统美学的特点加以重新反思。基于此，所以本书尝试重建一种女性特殊的视角，重新审视中国美学史，从而改变过去美学研究所仅仅注重的古代与现代的区别、中国与外国美学相区别的狭隘性，而补充以女性审美的视阈——展现女性审美不同于男性审美的独特品格，挖掘女性审美对男性审美的重要意义，最终目的是改变以男性审美为历史主体的局面，重建一种新的审美平等关系。这样就在一定的学理意义上实现了先秦审美研究和先秦女性研究的双重结合，在某种程度上也是对前人所做工作的一种有力拓深。

在研究过程中，本书时时注意性别视角与审美视角的双维结合。既注意美学学科的既定学科规范，避免先秦女性审美研究陷入先秦女性社会学、文化学的研究误区；同时注意美学学科理论研究的空疏性问题，尽量以丰富的先秦女性审美材料作为论述的支撑力量。尽管如此，存在的问题肯定仍然难以避免。

就女性美学的研究状况看，实际上，在中国传统美学的研究中，一些先行学者如李小江、文洁华、樊美筠等，都曾自觉地从性别学的角度对中国美学展开过有关研究，但这些研究由于不是专题性的审美研究，都是一些相关的个案研究或宽泛的女性审美意识探微，所以在某种意义上还不足以建构起具有中国特色的女性主义美学理论。这一点和西方相比，在学术上就逊色不少。西方女性主义美学相对于中国起步较早，最早可以溯源至20世纪60年代。虽然在其研究中有些相关的美学概念、美学范畴还没达成最后一致意见，甚至还存在学术纷争，但无疑的是，西方女性主义美学的研究已经日益走上规范化的学术道路。而中国传统美学研究中的性别美学研究，特别是女性美学研究，则还尚待进一步的深入。

虽然当今来说，后现代女性主义美学解构一个统一的、普遍的“女性”范畴的存在，反对以一个同质的、均匀的女性范畴来指涉所有妇女的审美经验和行为的文化历史特性，并进而提出要解构性别差异的概念，如“男性”和“女性”、“男性气质”和“女性气质”等，但作为一种历史考察，无论是相信生理决定论还是社会决定论，先秦女性审美的历史事实是它已经建立了自己独特的审美原则、审美观念和审美理想。所以，后现代女性主义美学的“模糊化疆域”概念在我们这里的研究中并不具有重要意义。

通过先秦女性审美研究，我们发现中国传统美学实际上是一个性隐喻象征系统，有着很深的性别文化的影子。比如中国传统美学中的很多美学概念、范畴，甚至美学精神都有着女性审美文化的浸淫，如“自然”、“虚静”等。特别是先秦女性审美更是对中国传统美学影响至深，它不仅直接影响了先秦美学思想的形成，而且对后世中国古典美学的生成，对后世中国女性审美都有着难以言说的影响。所以，为了深入地了解中国传统美学的内在精神和气质，我们就必须采取一种性别化的审美目光来加以审视。

当然，在本书的写作过程中，也存在着很多问题。

首先，由于材料的相对匮乏，造成了研究过程中有些地方论证不够严密的现象出现，从而值得进一步商榷。例如夏商时期的女性审美。夏商时期由于已经被历史的烟尘深深湮没，所以对之进行研究就必然具有一定难度，有些难度甚至是难以跨越的。根据顾颉刚等“疑古派”的观点，夏商时期只是传说中的历史年代，并没有具体可信的依据。但根据《竹书纪年》、《论语》、《孟子》、《史记》等相关文献的记载，夏商时期确实存在。但其具体的审美风尚和文化理念，由于年代已久，并无过多的文献资料加以证明，所以我们在研究过程中有时不可避免地会使用一些逻辑推演的方法。逻辑推演作为科学研究中的一种方法，它重视理性的逻辑演绎，重视在一定的思想架构内对事物做出较为符合理念的判断，这就在一定意义上可以弥补归纳法的不足。但逻辑推演法作为一种研究方法虽然有其合理性，但终究只是作者凭借有限的史料来对事物做更多的推理性猜测，而推演的结果，恐怕必然会有些不尽符合历史事实的地方。这就是本书有些章节阐述比较单薄的原因。

其次，还涉及研究中一些理论观念的问题，因为不同的理论观念塑造不同的审美历史。具体到我们的论文中，值得商榷的地方就是上古时期女性审美意识的生成问题。由于当代文化史观的原因，在面对审美意识起源的问题时，人们的观点是不一样的。“实践论”的观点认为，人类审美意识的起源是在人类长期具体的物质实践过程中发生的，并不是与生俱来的东西。而持审美意识“先验论”的人认为，审美意识像柏拉图、康德所说的那样，是一种不需后天培养就直接发生的东西。对于人类审美意识起源问题上的这种争议，也直接影响着我们对中国上古时期女性审美意识诞生时限问题的决定。而我们能做的，也许不是先持守一种理论观念来对之加以界定，我们能做的，只能是在占有现有考古资料及文献资料的基础上，对上古时期女性审美意识的诞生加以自己的解说。在先秦女性审美意识诞生的问题上，本书没有固守任何一种先行的理论观念作为行文的指导思想，而是根据审美事实本身，从中抽绎出一定的女性美学理论。

遗憾的是，本人才学疏浅，致思不深，对先秦女性审美研究中的很多问题，未能直抵深入，以致很多问题还留待以后方家。

因此，女性审美研究，于我而言，是一根永远没有终点的射线。

参考文献

文洁华：《美学与性别冲突：女性主义审美革命中国境遇》，北京大学出版社 2005 年版。

[英] 史蒂文 · 康纳：《后现代主义文化——当代理论导引》，严忠志译，商务印书馆 2004 年版。

贾兰坡：《“北京人”的故居》，翦伯赞、郑天挺《中国通史参考资料》（第一册），中华书局 1980 年版。

沈从文：《中国古代服饰研究》，上海世纪出版集团 2005 年版。

袁振国、朱永新、蒋乐群等：《男女差异心理学》，天津人民出版社 1989 年版。

罗时进：《中国妇女生活风俗》，陕西人民出版社 2004 年版。

林少雄：《人文晨曦 · 中国彩陶的文化解读》，上海文化出版社 2001 年版。

[法] 朱莉娅 · 克里斯蒂娃：《性别差异》，张京媛《当代女性主义文学批评》，北京大学出版社 1995 年版。

户晓辉：《地母之歌——中国彩陶与岩画的生死母题》，上海文化出版社 2001 年版。

[德] 埃利希 · 诺伊曼：《大母神》，李以洪译，东方出版社 1998 年版。

陶咏、李湜：《中国女性绘画史》，湖南美术出版社 2000 年版。

赵国华：《生殖崇拜文化论》，中国社会科学出版社 1996 年版。

薛富兴：《先秦美学的历史进程》，《云南大学学报》（社会科学版）2003 年第 6 期。

曹兆兰：《金文与殷周女性文化》，北京大学出版社 2005 年版。

艾畦：《殷商文化对老子思想的影响》，《殷都学刊》1997 年第 11 期。

［德］尼采：《尼采生存哲学》，杨恒达译，九州出版社 2003 年版。

杨稀枚：《论先秦所谓姓及其相关问题》，《中国史研究》1984 年第 3 期。

李小江：《女性审美意识探微》，河南人民出版社 1989 年版。

［美］安妮·霍兰德：《性别与服饰——现代服装的演变》，魏如明等译，东方出版社 2000 年版。

［英］戴维·莫利：《媒体研究中的消费理论》，见罗钢、王中忱《消费文化读本》，中国社会科学出版社 2003 年版。

［美］安妮·霍兰德：《性别与服饰——现代服装的演变》，魏如明等译，东方出版社 2000 年版。

宋镇豪：《中国风俗通史·夏商卷》，上海文艺出版社 2001 年版。

高亨：《诗经今注》，上海古籍出版社 1980 年版。

朱碧莲：《宋玉辞赋译解》，中国社会科学出版社 1987 年版。

杨伯峻：《列子集释》，中华书局 1997 年版。

王建：《静之美》，《贵州社会科学》1990 年第 12 期。

徐复观：《中国艺术精神》，春风文艺出版社 1987 年版。

华梅：《人类服饰文化学》，天津人民出版社 1995 年版。

王书奴：《中国娼妓史》，生活·读书·新知三联书店 1998 年版。

施咏：《中国人音乐审美心理中的阴柔偏向》，《中国音乐》2006 年第 4 年版。

王国维：《宋元戏曲史》，上海古籍出版社 1998 年版。

［美］琳达·诺克林：《女性，艺术与权力》，游惠贞译，广西师范大学出版社 2005 年版。

李银河：《女性主义》，山东人民出版社 2005 年版。

敬文东：《从野史的角度看……》，见《被委以重任的方言》，中国人民大学出版社 2003 年版。

周瓒：《女性诗歌：自由的期待与可能的飞翔》，《江汉大学学报》2005 年第 2 期。

蓝蓝：《她们：超越性别的写作》，《诗探索》2005 年第 3 期。

转引自文化研究网 http：//www. culstudies. com。

彭亚非：《先秦审美观念研究》，语文出版社 1996 年版。

[德] 康德：《论优美感和崇高感》，何兆武译，商务印书馆 2001 年版。

李素平：《女神 · 女丹 · 女道》，宗教文化出版社 2004 年版。

齐小刚：《老子学说中的阴柔美》，《内江师范学院学报》2006 年第 1 期。

叶舒宪：《高唐神女与维纳斯》，中国社会科学出版社 1997 年版。

[美] 赫伯特 · 马尔库塞：《爱欲与文明》，黄勇、薛民译，上海译文出版社 1987 年版。

[德] 科林伍德：《艺术原理》，王至元、陈华中译，中国社会科学出版社 1985 年版。

朱光潜：《西方美学史》，人民文学出版社 1994 年版。

[英] D. H. 劳伦斯：《性与可爱》，姚暨荣译，花城出版社 1998 年版。

[法] 西蒙娜 · 德 · 波伏瓦：《第二性》，陶铁柱译，中国书籍出版社 1999 年版。

张岩冰：《女权主义文论》，山东教育出版社 1998 年版。

[德] 迪特里希 · 施万尼茨：《男人》，刘海宁、郜世红译，重庆出版社 2006 年版。

朱光潜：《谈美书简二种》，上海文艺出版社 1999 年版。

朱光潜：《西方美学史》，人民文学出版社 1994 年版。

[美] 卡罗 · 吉里根：《男性生命周期中的女性地位》，张元译，李银河主编《妇女：最漫长的革命》，生活 · 新书 · 新知三联书店

1997 年版。

叶舒宪：《高唐神女与维纳斯》，中国社会科学出版社 1997 年版。

荣维毅：《女性美的自然基础和社会标准》，《北京社会科学》1997 年第 2 期。

虞蓉：《女子善怀：先秦妇女创作心理机制初探》，《求索》2004 年第 3 期。

苏者聪：《中国历代妇女作品选》前言，上海古籍出版社 1987 年版。

仪平策：《中国审美文化偏尚阴柔的人类学解释》，《东方丛刊》2003 年第 3 期。

寇鹏程：《中国审美观念的虚化价值取向》，《宁夏大学学报》（人文社科版）2001 年第 1 期。

黄健：《中国美学的“内省" 与西方美学的“忏悔”》，《思想战线》2002 年第 1 期。

吴国智：《女性美观念及“三寸金莲”》，《大连大学学报》2003 年第 3 期。

孔智光：《中国古典美学研究》，山东大学出版社 2002 年版。李祥林：《性别视角：中国戏曲与道家文化》，《成都大学学报》（社科版）2002 年第 2 期。

叶舒宪：《神话—原型批评》，陕西师范大学出版社 1987 年版。

［英］H. 卡纳：《性崇拜》，方智弘译，湖南人民出版社 1988 年版。

［德］埃利希·诺伊曼：《大母神》，李以洪译，东方出版社 1998 年版。

宗白华：《论中西画法的渊源与基础》，宗白华《艺境》，北京大学出版社 1998 年版。

宗白华：《中国诗画中所表现的空间意识》，宗白华《艺境》，北京大学出版社 1998 年版。

后　记

本书是我在2004—2007年在南开大学读博士期间完成的。从选题、收集材料到写出初稿，花了近三年的时间，接着又进行了两次修改，终于成了现在这个样子。

老子说，“大美无言”，庄子也说，“天地有大美而不言”。他们的意思也许是说，最完美的存在是不需要用残缺的语言来表达的。道家轻视语言，在精神上崇尚佛禅“不立文字”的自由。但身处卑微尘世的我，不能做到与大道抱一的逍遥，所以我必须用语言来表达我对事物的看法及内心深处的感动。

这感动不止一次地撞击我的心扉，成为我写作此文最内在的动力。因为没有那些无言沉默的帮助，也许，我的思想现在依然在原点徘徊。

我第一个最想感谢的，依然是给予我的论文最大帮助的薛富兴教授。薛老师知识渊深，治学严谨。为人质朴，和气谦逊。在课堂上，在他的家中，我都洗耳聆听到了关于中国美学的很多知识。是他第一个指引我走入了中国美学的路途，并在我知识陷于困境时给予无私的帮助，是他最为我的论文操心，也是他，激发我在写作的过程中几许的灵感。只可惜的是，我做得很不够，惭愧。

第二个我想感谢的是陆扬教授。陆扬老师才力富赡，主攻西方美学，他关于后现代美学的知识使我充分领略了西方当代较前沿的美学景观，也启发我对中国美学进行重新的思考。

此外，我还要特别致以感谢的是童坦、盛英两位老师。他们已是耳顺之年，但他们无论是对人生、还是对学术，都依然保持了一种极大的童心和热情。到他们家吃的一次次饭，借的一本本书，现在让我想起来亦然不觉动容。

当然，在我的写作过程中，彭修银老师、杨岚老师，也都对我的论文提出过中肯恰切的批评意见，很感谢的。

当然，还有我的家人，没有他的支持，我的论文也难以进行。在生活上，他给我关心；在学习上，他像一根燃烧的鞭子。

当然，还要向促成本书出版的中国社会科学出版社郭沂纹编审以及责任编辑丁玉灵等诸位先生表示感谢，他们为本书做了大量认真、负责的工作。

感谢的话其实是不应该说出口的。因为说出来即使有金石之响，但总是减轻了它的分量。“美言不信，信言不美”，我还是信奉这句话的。

2013年5月20日 于郑州大学文学院